中部地区生态补偿的
理论基础与实践研究

胡小飞　傅春　著

科学出版社

北京

内 容 简 介

本书首先综述国内外区域生态补偿基本理论与实践案例,构建生态补偿动态演化博弈模型,分析区域生态补偿利益相关者的演化参数变化;其次通过统计年鉴、相关部门网站与相关部门访谈调查获取数据,评估中部地区生态服务功能,计算中部地区六省生态补偿金额与优先级;最后应用碳足迹法、水足迹法及生态足迹法评价中部地区碳收支、水收支及生态盈余/赤字,量化中部地区生态补偿标准及时空格局。研究结果可为中部地区生态环境保护、国家生态文明体系建设提供依据。

本书可供发展和改革、环境保护、水利、农业、林业等部门的管理者,以及生态经济学、资源经济学、管理科学与工程及其他相关领域的科研工作者和大专院校师生参考使用。

图书在版编目(CIP)数据

中部地区生态补偿的理论基础与实践研究 / 胡小飞,傅春著. —北京:科学出版社,2019.2

　　ISBN 978-7-03-060163-6

　　Ⅰ. ①中⋯　Ⅱ. ①胡⋯ ②傅⋯　Ⅲ. ①区域生态环境−补偿机制−研究−中国　Ⅳ. ①X321.22

中国版本图书馆 CIP 数据核字(2018)第 288857 号

责任编辑:马　跃　李　嘉 / 责任校对:贾娜娜
责任印制:张　伟 / 封面设计:无极书装

科学出版社 出版
北京东黄城根北街 16 号
邮政编码:100717
http://www.sciencep.com

北京虎彩文化传播有限公司印刷
科学出版社发行　各地新华书店经销

*

2019 年 2 月第 一 版　开本:720 × 1000　1/16
2019 年 2 月第一次印刷　印张:12 3/4
字数:252 000

定价:102.00 元
(如有印装质量问题,我社负责调换)

　　本专著由江西省高校人文社会科学重点研究基地招标项目"中部地区生态补偿及利益分配机制的研究"（JD1402）、国家自然科学基金项目"城乡梯度绿地土壤温室气体排放的时空变异及驱动机制"（31770749）与南昌大学社会科学学术著作出版基金资助项目（项目批准号：NCU2017P018）资助出版。

前　言

　　近年来我国经济快速增长，2017 年我国 GDP 达 82.7 万亿元，占世界经济比重的 15%左右，居世界第二，国际影响力大幅上升。但经济的显著增长也带来很多生态环境问题，如温室气体排放增长、资源短缺加剧、生态系统退化明显、自然湿地与天然草地日益减少、水土流失与沙化严重等，越来越制约我国经济社会可持续发展。作为一种环境经济激励手段与工具，生态补偿越来越受到专家学者与政府决策者的重视，成为当前的研究热点。

　　我国中部地区东接沿海，西接内陆，包括山西省、河南省、安徽省、湖北省、江西省、湖南省六省，是全国重要的能源原材料基地、粮食生产基地与综合交通运输枢纽。目前中部地区用仅占全国 10.7%的土地，承载 26.6%的人口，创造 20.3%的 GDP，在全国区域发展格局中发挥着举足轻重的作用。同时，中部地区江西省、湖南省、湖北省与安徽省水资源丰富，在农业生产、城市供水与水文调蓄方面发挥重大作用，是长江下游与东部地区重要的屏障，这四个省也是长江经济带的龙腰，在当前推动长江经济带发展走生态优先、绿色发展道路的原则下，中部地区生态补偿机制的构建对长江经济带发展绿色经济以及中部地区建设全国生态文明试验区具有重要的现实意义，不仅影响中部地区的可持续发展，也关系到全国的可持续发展。

　　本书在综述国内外区域生态补偿基本理论与实践案例的基础上，构建生态补偿动态演化博弈模型，分析区域生态补偿利益相关者的演化参数变化；采用生态系统服务价值当量法计算中部地区生态系统服务功能与生态补偿金额及补偿优先级；应用碳足迹法、水足迹法、生态足迹法评价中部地区碳、水和生态盈余/赤字，量化生态补偿标准；最后对新时代中部地区生态补偿进行展望。主要研究结果如下：

　　（1）区域生态补偿主要利益相关者包括政府、生态系统服务提供者、生态系统服务受益者等，生态补偿主体是政府。为使博弈模型向（保护，补偿）稳定合作状态演化，政府要制定生态补偿政策，合理量化生态补偿标准。

　　（2）中部地区 2015 年总生态系统服务价值为 15083.59 亿元，其中非市场生态系统服务占总价值的 93.23%。单位面积生态系统服务功能高值区为江西省与湖北省；中值区是安徽省与湖南省；而低值区是河南省与山西省。江西省、湖南省、湖北省的生态补偿优先级较高，应率先获得生态补偿。山西省与河南省生态补偿优先级较低，应率先支付生态补偿。2015 年中部地区获得生态补偿额度最高的省份是湖南省，达 2106.36 亿元，其次为江西省与湖北省，分别为 1408.55 亿元与 1057.64 亿元；山西省、河南省与安徽省要支付的生态补偿额分别为 2257.15 亿元、1755.35 亿元与 385.23 亿元。

（3）中部地区 2000～2015 年间碳足迹排序：河南省＞山西省＞湖北省＞湖南省＞安徽省＞江西省，呈现北方大于南方的规律；碳吸收量排序：湖南省＞江西省＞河南省＞湖北省＞安徽省＞山西省，分布具有北方低、南方高的特点。研究期间中部地区碳足迹快速增长，能源消耗增加是其主要原因；碳吸收能力呈波动变化趋势，森林、草地与农作物是主要的碳汇。河南省与山西省对中部地区总碳足迹贡献率大，湖南省与江西省碳吸收能力强。江西省碳吸收量始终高于碳足迹，为净碳盈余省份，山西省、河南省与湖北省碳足迹始终高于碳吸收量，为净碳赤字省份。2002 年前江西省、湖南省、安徽省需要获得生态补偿资金，其中江西省生态补偿优先级最高；2002 年后仅江西省要获得生态补偿，2000～2015 年江西省共需获得生态补偿资金 443.19 亿元，年均 27.70 亿元，考虑中部地区区域内碳平衡，江西省、湖南省、安徽省优先获得生态补偿资金，山西省、河南省与湖北省优先支付生态补偿资金。

（4）中部地区总生产水足迹呈上升趋势，2000～2015 年水足迹排序：河南省＞湖南省＞湖北省＞安徽省＞江西省＞山西省。中部六省水足迹组成与变化趋势各不相同，但粮食作物水足迹比例最高，动物产品水足迹居第二。中部地区水盈余/赤字呈波动变化趋势，除江西省与湖南省有盈余外，其余省份均表现为水赤字；水足迹效率 2000～2015 年呈上升趋势，但各省水足迹效率差异明显。江西省、湖南省、湖北省历年均要获得生态补偿，2000～2015 年江西省水盈余共需补偿 2246.81 亿元，平均每年 140.43 亿元；湖南省水盈余共需补偿 1760.58 亿元，平均每年 110.04 亿元；湖北省共需补偿 24.08 亿元，平均每年 1.51 亿元。根据生态补偿优先级，江西省要优先获得水足迹生态补偿额度，2015 年需要获得生态补偿额度 187.22 亿元，其次是湖南省，2015 年需获得生态补偿额度 128.06 亿元。2015 年支付生态补偿额度由大到小依次为：河南省（232.28 亿元）＞山西省（41.89 亿元）＞安徽省（28.80 亿元）＞湖北省（19.71 亿元）。

（5）中部地区 2000～2015 年总生态足迹呈快速增长趋势，由高到低排序如下：河南省＞湖南省＞安徽省＞湖北省＞江西省＞山西省。耕地、草地生态足迹的占比较大但呈下降趋势，建筑用地、林地生态足迹所占比重较小但呈上升趋势。中部地区生态承载力呈波动变化，但总体呈上升趋势，由高到低排序如下：河南省＞湖南省＞安徽省＞湖北省＞江西省＞山西省。中部地区除山西省 2000～2002 年外均出现生态赤字，生态压力指数不断攀高，其生态赤字大小排序为：河南省＞湖南省＞安徽省＞湖北省＞江西省＞山西省，表明中部地区生态系统处于不安全状态，区域发展表现为不可持续。2015 年支付生态补偿额度排序如下：河南省（731.93 亿元）＞湖南省（255.11 亿元）＞湖北省（233.23 亿元）＞安徽省（194.09 亿元）＞江西省（59.59 亿元）＞山西省（5.6 亿元）。

综合生态服务价值当量法、碳足迹法、水足迹法的计算结果，中央政府和其他省份支付生态补偿额度给江西省，生态服务价值当量法可作为生态补偿标准的上限，2015 年湖南省、江西省、湖北省分别获得 2106.36 亿元、1408.55 亿元与 1057.64 亿元生态补偿资金，山西省、河南省与安徽省分别支付生态补偿额 2257.15 亿元、1755.35 亿元与 385.23 亿元。采用足迹家族（碳足迹法、水足迹法、生态足迹法）考虑区域内部生态平衡，仅江西省要获得生态补偿额度，2015 年需获得 144.06 亿元，此额度为生态补偿的下限，其余省份均要支付生态补偿额度，2015 年支付生态补偿额度排序为：河南省（76.66 亿元）＞湖北省（25.51 亿元）＞安徽省（18.37 亿元）＞湖南省（12.78 亿元）＞山西省（10.74 亿元）。最后，建议中部地区将江西省作为区域生态补偿的先行省份，利用国家发展战略的相关政策，为国家生态文明试验区建设提供典范。

本书的出版得到了南昌大学相关部门及其领导的支持和帮助，获得了国家自然科学基金委员会等单位资助，参考了大量国内外出版物及同行的文献和资料，凝聚了许多同事、老师和同学（研究生邹妍、曾聪与吴爽）的无私付出，江西农业大学陈伏生教授对本书的内容与框架提出了许多宝贵意见，科学出版社编辑对本书不遗余力地多次修改，在此一并表示感谢。

由于相关资料和数据的收集和分析较为烦琐，加上作者水平有限，书中难免存在欠妥之处，敬请各位专家和读者不吝批评指正。

胡小飞　傅　春

2018 年 4 月

目　　录

第1章　中部地区资源环境与社会经济概况

1.1　中部地区自然地理

1.1.1　地理位置

中部地区位于中国的地理中部，东接沿海，西接内陆，位于东经 108°21′～东经 119°37′与北纬 24°7′～北纬 40°43′之间。按自北向南、自东向西排序包括山西、河南、安徽、湖北、江西、湖南六个相邻省份。中部地区土地面积共计 102.8 万 km²，约占全国土地面积的 10.71%（范恒山，2012）。与中部地区相邻的有河北、山东、江苏、浙江、福建、广东、广西、贵州、重庆、陕西、内蒙古等 11 个省、自治区、直辖市。随着世界经济全球化、区域一体化的加速推进，经济的外部依赖性不断提高，资源配置的地域不断扩大。2016 年中部地区进出口总额为 15728.6 亿元，但仅占全国进出口总额的 6.5%，不仅远远低于东部沿海地区（83.3%），而且也低于西部地区（7.0%）（中华人民共和国国家统计局，2017）。

1.1.2　地质地貌

中部地区地形复杂、地貌各异，全地区以山地、丘陵为主，占总面积的 60% 以上，包括两湖平原、河南东部平原、鄱阳湖平原等，是我国重要的商品粮保障基地。山西省地处黄土高原东部，黄河流域的中部，地势东北高西南低，地质地貌复杂多样，有山地、丘陵、台地、平原等，山地与丘陵面积占全省总面积的 80.1%，平川与河谷面积占总面积的 19.9%（山西省统计局和国家统计局山西调查总队，2017）；安徽省地跨长江、淮河南北，新安江从省内穿过，地形地貌由淮北平原、江淮丘陵、皖南山区组成（安徽省统计局和国家统计局安徽调查总队，2017）；江西省东西南部三面环山，北部较平坦，地貌类型以山地和丘陵为主，具有"六山一水两分田，一分道路和庄园"的地形分布（江西省统计局和国家统计局江西调查总队，2017）；河南省地形复杂，位于我国第二级与第三级地貌台阶的过渡地带，地势西高东低、北坦南凹，北、西、南三面群山环绕，中部与东部是黄淮海冲积大平原，全省山区丘陵面积占 44.3%，平原面积占 55.7%（河南省统计局和国家统计局河南调查总队，2017）；湖北省地势大致为东西北三面环山，中间低平，全省山地占 55.5%，丘陵占 24.5%，平原湖区占 20.0%（湖北省统计局，2017）；湖南省东西南三面环山，中北部低落，总体以山地、丘陵为主，占 66.62%，北部的洞庭湖平原地势较平，与湖北省的江汉平原并称为两湖平原，为长江中下游平原的重要组成部分。

1.1.3　气候条件

中部地区属温带大陆性季风气候和亚热带季风气候，具有四季分明，气候温和，季风明显，光、热、雨水资源丰富等气候特征（詹莉群，2011），使得该区域的农业资源丰富。该区域地跨亚热带和暖温带，植被呈南北过渡性，全年平均气温由北至南递增，从 9℃ 到 19℃ 不等，江西省的平均气温最高，达 18.3℃，其次是湖南省与湖北省，平均气温分别为 17.5℃ 与 16.6℃，山西省相对平均气温最低，仅为 10.1℃（图 1-1），而且中部地区夏季高温、冬季低温。其中山西省地处中纬度，属于暖温带、中温带大陆性气候；河南省属北亚地带与暖温带过渡型气候；安徽省属暖温带向亚热带的过渡型气候，淮河以南属亚热带湿润季风气候，淮河以北为温带半湿润季风气候。江西省与湖南省属大陆性中亚热带温暖湿润季风气候；湖北省属亚热带季风性湿润气候，表现为春季阴冷多雨，夏季高温多雨，秋季秋高气爽，冬季湿冷。中部地区降水量从 400mm 到 2205mm 不等，呈现与平均气温相同的变化趋势。山西省与河南省降水较少，年均降水量仅 700mm 以下，安徽省、江西省、湖北省与湖南省降水较多，年均降水量 1100mm 以上，其中江西省＞湖南省＞湖北省＞安徽省。

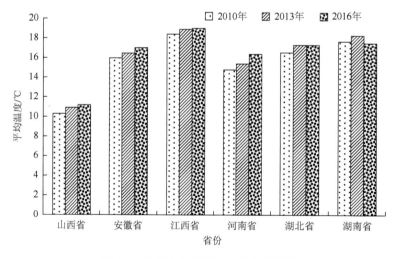

图 1-1　中部六省平均温度动态变化图

1.1.4　水系状况

中部地区的水资源丰富，不仅有我国五大淡水湖中的鄱阳湖、洞庭湖和巢湖，还有著名的大型水系如黄河部分、长江部分、淮河、皖江等，长江部分的沅江、汉江和赣江等的平均流量都在 1000m³/s 以上。

山西省有大小河流约 1000 多条，多数河流起源东西两端，大多最终汇集黄河内，属黄河水系，此外还有海河水系，除北部面积不大的支流自外省流入山西省外，河流自省内向四周呈辐射状汇入省外河流；安徽省水系按面积大小分属淮河、长江、钱塘江流域，长江、淮河、巢湖为安徽省内主要水系；湖北省水系发达，江河纵横，有长江三峡、汉水、清江等 1000 多条河流纵横贯穿，其中汉江全长 3/4 流经湖北省；江西省水系发达，河湖众多，全省有大小河流 2400 多条，水资源是其优势资源，水能蕴藏量大，省内的赣江、抚河、信江、饶河、修河经鄱阳湖调蓄后经湖口汇入长江；湖南省水系也发达，河网密布，湖泊宽广，发源于东南西三面山区的 5000 多条河流，形成湘江、资水、沅江、澧水，汇入北部的洞庭湖；河南省有大小河流 220 余条，是南水北调中线工程水源，而且黄河、淮河、海河、长江四大水系都流经河南。

1.2　中部地区自然资源

1.2.1　能源与矿产资源

中部地区是全国重要的能源生产和输出基地，其中山西省、河南省、安徽省供应东部地区与全国能源，是著名的能源大省。相对于全国 10.7% 的土地面积和全国 26.67% 的人口数量，中部地区煤炭的总量占全国的比重较大。2016 年中部六省煤炭总储量达 1097.42 亿 t，占全国的 44.03%（中华人民共和国国家统计局，2017），其中山西拥有 916.19 亿 t，在全国排名第 1 位，远高于中部地区其余五省（表 1-1），江西省、湖北省、湖南省的煤炭资源储备非常低，三省不足 13.5 亿 t。总体来看，2003～2016 年中部地区除湖北省外其余五省煤炭储量均呈下降趋势，其中山西省 2010 年相比 2009 年降幅达 20.04%，2003～2015 年，年均下降率达 1.05%；安徽省与河南省年均下降率分别为 3.69% 与 2.85%；江西省与湖南省年均下降率分别为 6.98% 与 8.86%，但因基数小对中部地区总体下降的贡献率小。2016 年中部地区的原煤产量为 11.2 亿 t，占全国比重的 32.9%（表 1-2），远高于其人口比重与 GDP 比重，且原煤产量数量与比例均低于 2015 年。

表 1-1　中部地区 2003～2016 年煤炭基础储量（亿 t）

年份	山西省	安徽省	江西省	河南省	湖北省	湖南省
2003	1045.30	131.90	8.10	121.70	2.40	20.10
2004	1040.10	140.40	8.00	132.60	2.40	20.30
2005	1054.80	145.50	7.80	127.10	3.30	20.40
2006	1051.66	118.74	8.18	123.30	3.26	20.12
2007	1056.13	80.88	7.92	117.80	3.32	19.83
2008	1061.51	85.92	7.67	115.87	3.30	19.57
2009	1055.50	83.70	7.20	114.70	3.30	18.90
2010	844.01	82.00	6.74	113.49	3.30	18.76
2011	834.59	79.91	4.26	97.46	3.25	13.29
2012	908.42	80.38	4.11	99.09	3.25	6.61
2013	906.80	85.19	3.97	89.55	3.23	6.61
2014	920.89	83.96	3.43	86.49	3.19	6.68
2015	921.30	84.00	3.40	86.00	3.20	6.60
2016	916.19	82.37	3.36	85.68	3.20	6.62

表 1-2　2015～2016 年全国分区原煤生产量

年份	全国总量/亿 t	东部地区		中部地区		西部地区		东北地区	
		数量/亿 t	百分比/%	数量/亿 t	百分比/%	数量/亿 t	百分比/%	数量/亿 t	百分比/%
2015	37.5	2.6	6.9	13.0	34.8	20.5	54.6	1.4	3.7
2016	34.1	2.2	6.6	11.2	32.9	19.5	57.1	1.2	3.4

　　中部地区虽然煤炭资源丰富，但缺乏清洁优质的天然气和石油资源，六省中只有河南省、湖北省、安徽省分别有 4631.10 万 t、1241.60 万 t、247 万 t 石油，仅占全国的 1.75%，仅山西省、河南省、湖北省分别有 419.10 亿 m³、72.2 亿 m³、47.40 亿 m³ 天然气，只占全国的 1.04%（中华人民共和国国家统计局，2016）。大多省份的石油和天然气消耗完全依靠区域外进口。江西省的铜矿资源丰富，拥有 557.90 万 t 储量，占全国的 20.50%，居全国第一，并且建成了亚洲最大的铜矿和中国最大的铜冶炼基地。中部地区的铝土矿、硫铁矿等储量也较丰富，2015 年中部地区的铝土矿与硫铁矿储量达 29797.1 万 t 与 40710.2 万 t，分别占全国的 29.87% 与 31.05%。丰富的资源禀赋使中部地区具有经济发展不可替代的优势，不仅为我国的现代化建设和东部沿海地区的经济快速发展做出了巨大贡献，而且奠定了中部地区基础产业发展的基础。

中部地区虽然具有较丰富的能源资源与矿产资源，但其经济发展主要依赖原材料输出和初级产品加工，未将资源优势转化为经济优势。多年来中部地区充分发展相关资源型产业，但这也加剧了能源与矿产资源的消耗与枯竭，不利于资源型产业的可持续发展，形成日益严重的资源约束。

1.2.2　水资源

中部地区水资源丰富，2016 年水资源总量达 7632.2 亿 m^3（表 1-3），但分布不均。山西省为极度缺水地区，2000～2016 年年均水资源总量仅为 99.11 亿 m^3；河南省为严重缺水地区，研究期间平均水资源量仅为 388.81 亿 m^3；安徽省与湖北省的水资源总量居中，年均值分别为 763.59 亿 m^3 与 966.29 亿 m^3；湖南省与江西省的水资源总量处于全国领先位置，居全国前 10 位。主要是由于江西省内河流众多，大的河流有赣江、抚河、信江、饶河、修水，均汇入鄱阳湖，再经湖口注入长江，形成完整的鄱阳湖水系。鄱阳湖是中国最大的淡水湖，是我国唯一未富营养化的湖泊，为中国最后的"一湖清水"，在长江流域调蓄洪水、保护生物多样性、维系国家生态安全等方面发挥巨大的作用。湖南省内洞庭湖水系密布，河网纵横交错，其中湘江、资江、沅江、澧水四条河流较大，湘江为湖南省流量最大的河流，沅江为湖南境内最长河流，洞庭湖为湖南最重要的湖泊，对调节长江水量起着重要作用。总之，湖北省、湖南省、江西省和安徽省的水资源较丰富，水力开发潜力较大。

表 1-3　中部地区 2000～2016 年水资源总量动态变化（亿 m^3）

年份	山西省	安徽省	江西省	河南省	湖北省	湖南省
2000	81.49	644.21	1454.00	669.95	1008.10	1765.80
2001	69.51	734.45	1523.00	218.50	596.70	1640.40
2002	69.51	824.69	1983.26	319.99	1155.50	1640.40
2003	134.90	1083.00	1362.70	697.70	1234.10	1799.20
2004	92.50	500.70	1034.63	406.60	926.40	1641.30
2005	84.12	719.30	1510.10	558.56	934.00	1671.00
2006	88.53	580.50	1630.00	321.80	639.70	1770.30
2007	103.40	712.50	1113.00	465.20	1015.10	1426.55
2008	87.40	699.30	1356.20	371.53	1033.90	1600.00
2009	85.80	733.10	1166.90	330.53	825.30	1400.50

续表

年份	山西省	安徽省	江西省	河南省	湖北省	湖南省
2010	91.55	922.80	2275.50	534.90	1268.70	1906.60
2011	124.34	602.25	1037.88	327.97	757.54	1126.94
2012	106.20	701.00	2174.40	265.50	813.90	1988.90
2013	126.55	585.59	1423.99	213.10	790.15	1581.97
2014	111.00	778.50	1631.80	283.40	914.30	1799.40
2015	94.00	914.10	2001.20	287.20	1015.60	1919.30
2016	134.10	1245.10	2221.10	337.30	1498.00	2196.60
平均	99.11	763.59	1582.33	388.81	966.29	1698.54

　　中部地区 2000～2016 年人均水资源总量波动变化趋势，按 17 年平均值排名分别是江西省＞湖南省＞湖北省＞安徽省＞河南省＞山西省（表 1-4）。2016 年人均水资源量安徽省、河南省、山西省均低于全国人均水平。中部地区人均水资源分布严重不均，特别是山西省，2016 年仅为全国水平的 15.5%，江西省的 7.53%，在全国属于缺水大省，因此需要加强对水资源的保护。河南虽然地跨长江、淮河、黄河、海河四大流域，但水资源总量不多，再加上人口众多，导致人均水资源量在中部地区排名倒数第二。湖南省虽然水资源总量在中部地区最高，但由于人口较江西省多 2000 多万人，因此人均水资源量居于中部地区第二位；湖北省与安徽省水资源也较丰富，长江流过湖北省的长度居中部六省之首，湖北省内有大小河流多条，可供开发的水能资源量 3133 万 kW，居全国第 4 位（《湖北统计年鉴》）。

表 1-4　中部地区 2000～2016 年人均水资源总量动态变化（m³）

年份	山西省	安徽省	江西省	河南省	湖北省	湖南省
2000	250.90	1026.10	3500.00	270.00	1780.00	2680.00
2001	210.00	1198.00	3650.00	228.00	1500.00	2480.00
2002	237.90	1301.10	4697.40	326.20	1929.60	2842.90
2003	408.20	1800.00	3215.40	723.80	2058.60	2707.20
2004	277.40	800.00	2415.10	418.40	1539.80	2450.40
2005	251.50	1200.00	3513.20	597.20	1640.60	2649.50
2006	263.10	950.10	3768.70	342.80	1122.00	2794.90
2007	305.60	1169.40	2556.50	496.10	1782.10	2247.10
2008	256.91	1141.43	3093.52	395.20	1812.30	2512.80
2009	250.80	1196.00	2642.50	347.60	1443.90	2190.60
2010	261.50	1578.20	5116.70	568.70	2216.50	2938.70
2011	346.96	1010.09	2319.11	349.03	1319.13	1711.93

年份	山西省	安徽省	江西省	河南省	湖北省	湖南省
2012	295.00	1172.60	4836.00	282.60	1411.00	3005.70
2013	349.55	974.52	3155.33	226.44	1364.91	2373.56
2014	305.10	1285.40	3600.60	300.70	1574.30	2680.10
2015	257.10	1495.30	4394.50	303.70	1740.90	2839.10
2016	365.10	2018.20	4850.60	354.80	2552.60	3229.10
平均	287.80	1253.91	3607.36	384.19	1693.43	2607.86

1.2.3　森林资源

森林是"生物资源库"与"绿色蓄水库"，不仅为工业生产提供原料，而且有调节气候、吸纳粉尘、降低噪声等服务功能。基于第八次全国森林资源清查，中部地区森林覆盖率除山西省小于全国平均水平外，其余五省均大于全国平均水平（21.63%）。特别是江西省与湖南省，森林覆盖率分别达 63.10% 与 59.57%，在全国居于前列（表 1-5）。中部地区森林蓄积量占全国的 9.74%，森林面积占全国的11.99%，单位面积森林蓄积量均低于全国平均水平（72.89m³/hm²）。中部地区六省中河南省与安徽省相对森林生产力高些，分别在全国排名第 9 位与第 10 位。而山西省与湖南省的单位面积森林蓄积量分别为 34.49m³/hm² 与 32.71m³/hm²（表 1-5），在全国排名 24 位与 26 位，森林质量有待提高。

表 1-5　中部地区 2015 年森林覆盖率与森林蓄积量

指标	山西省	安徽省	江西省	河南省	湖北省	湖南省
森林覆盖率/%	18.03	27.53	63.10	23.30	38.40	59.57
森林蓄积量/亿 m³	0.97	1.81	4.08	1.71	2.87	3.31
单位面积蓄积量/(m³/hm²)	34.49	47.51	40.77	47.61	40.14	32.71

中部地区 2000～2016 年森林面积较平稳但总体呈增长趋势。第五次、第六次、第七次全国森林资源清查中，江西省森林面积均排中部地区第一；第八次全国森林资源清查中湖南省的森林面积超过江西省，居中部地区第一。湖北省的森林面积居中部地区第三位，近几年增长较快。安徽省的森林面积历年变化不大，位居第四。河南省森林面积一直在增长，目前与安徽省森林面积相差不大。山西省森林面积在整个研究期间一直最小（表 1-6）。

表 1-6　　中部地区第五～第八次全国森林资源清查森林面积动态变化（万 hm²）

森林资源清查	山西省	安徽省	江西省	河南省	湖北省	湖南省
第五次	183.58	317.05	889.78	209.01	482.84	823.97
第六次	208.19	331.99	931.39	270.30	497.55	860.79
第七次	221.11	360.07	973.63	336.59	578.82	948.17
第八次	282.40	380.42	1001.81	359.07	713.86	1011.94

中部地区 2000～2015 年林业用地面积呈现与森林面积不同的分布格局，但变化趋势相近，即较平稳增长趋势。林业用地面积湖南省一直排名中部地区第一，江西省排名第二，湖北省第三（表 1-7）。值得注意的是山西省的林业用地面积一直排名中部地区第四，与森林面积排名最后的情况相差较大。

表 1-7　　中部地区第五～第八次森林资源清查林业用地面积动态变化（万 hm²）

森林资源清查	山西省	安徽省	江西省	河南省	湖北省	湖南省
第五次	676.47	412.32	1045.32	378.64	764.09	1173.66
第六次	690.94	440.40	1044.69	456.41	766	1171.42
第七次	754.58	439.40	1054.92	502.02	822.01	1234.21
第八次	765.55	433.18	1069.66	504.98	849.85	1252.78

1.2.4　耕地资源

全国第二次土地调查表明：2008 年中部地区耕地面积为 2899.30 万 hm²，相比 2000 年的 3056.64 万 hm² 降幅达 5.15%。其中，山西省 2016 年耕地面积比 2000 年下降了 11.59%，降幅最大（表 1-8），但山西省人均耕地面积略高于全国人均耕地面积。安徽省历年耕地面积变化不大，在中部地区排名第二，全国排名第八，但由于人口增长使得人均耕地面积呈下降态势，低于全国人均耕地面积。江西省耕地面积呈现先减少后增加的趋势，总体呈现增长的趋势，全国排名也较靠后。2000～2009 年湖北省耕地面积总体呈减少态势，2010 年有一个较大幅度的增长而后变化较平稳（表 1-8），主要是由于湖北省对耕地保护非常重视，各项政策抓紧落实。河南省素有"中原粮仓"之称，耕地面积居全国第 3 位，占全国耕地面积的 6.51%，近几年保持在 810 万 hm² 以上，对国家粮食生产有着举足轻重的作用。湖南省耕地总量呈现增长趋势，但人均耕地则呈明显递减趋势，目前人均耕地面积远低于联合国粮食及农业组织（Food and agriculture organization of the United Nations，FAO）所规定的人均耕地 0.08hm² 的警戒线水平。

表 1-8　中部地区 2000～2016 年耕地面积（万 hm²）

年份	山西省	安徽省	江西省	河南省	湖北省	湖南省	合计
2000～2006（平均）	458.85	597.17	299.34	811.03	494.95	395.30	3056.64
2007	405.34	572.82	282.67	792.60	466.34	378.90	2898.67
2008	405.58	573.02	282.71	792.64	466.41	378.94	2899.30
2009	405.58	573.02	282.71	792.64	466.41	378.94	2899.30
2010	406.42	589.49	308.50	817.75	531.23	413.75	3067.14
2011	406.45	588.65	308.53	816.19	530.15	413.80	3063.77
2012	406.42	588.13	308.35	815.68	529.00	414.63	3062.21
2013	406.20	588.31	308.73	814.07	528.18	414.95	3060.44
2014	405.68	587.21	308.54	811.79	526.17	414.90	3054.29
2015	405.88	587.29	308.27	810.59	525.50	415.02	3052.55
2016	405.68	586.75	308.22	811.10	524.53	414.87	3051.15

注：数据来自中国统计年鉴（2017）

　　中部地区是全国的粮食主产区，长期以来粮食总产量居各区域首位。2006 年实行中部地区崛起国家战略后，更加凸显其粮食生产基地的作用。2015 年中部地区粮食产量达 18720 万 t，占全国的 30.1%（表 1-9），2016 年粮食产量与百分比稍有下降。河南省 2015 年粮食总产量 6067.1 万 t，居全国第二位，每年都有大量粮食输出。此外，2015 年中部地区油料产量达 1549 万 t，占全国的 43.8%，是全国的油料输出地（表 1-9），2016 年油料产量与百分比稍有下降。

表 1-9　中部地区 2015～2016 年农作物产量与百分比

指标	2015 年		2016 年	
	产量/万 t	百分比/%	产量/万 t	百分比/%
粮食	18720	30.1	18328	29.7
油料	1549	43.8	1544	42.5

　　中部地区人均粮食产量除了山西省历年低于中国平均水平，湖北省部分年份低于中国平均水平外，其余省份均高于中国平均水平，16 年间的平均值以河南省最高（528kg），其次是安徽省（463kg），江西省与湖南省基本相同（427kg），湖北省排名第五（389kg），山西省最低，仅 307kg（表 1-10）。中部地区（山西省除外）人均粮食产量在研究期间除 2003 年明显下降外，其余年份基本保持波动增长趋势。

表 1-10　中部地区 2000～2015 年人均粮食产量（kg）

年份	中国	山西省	安徽省	江西省	河南省	湖北省	湖南省
2000	366	265	396	391	440	373	439
2001	356	212	406	384	433	358	410
2002	357	282	436	369	439	342	378
2003	334	290	348	342	370	316	368
2004	362	319	426	390	440	349	395
2005	371	292	427	409	490	382	425
2006	380	304	468	429	534	365	430
2007	381	298	437	437	559	360	429
2008	399	302	493	447	541	390	441
2009	399	276	501	454	570	404	454
2010	409	310	452	440	576	405	439
2011	425	333	526	459	590	416	447
2012	437	354	550	464	600	423	454
2013	443	363	470	469	607	432	439
2014	445	366	493	473	612	445	447
2015	453	345	579	472	641	463	444

1.2.5　湿地资源

全国首次湿地资源调查显示，中部地区共有湿地 493.09 万 hm² ，占全国的 12.81%，第 2 次湿地资源调查中部地区湿地净增长 26.55 万 hm² ，但因其增长率（5.38%）小于全国湿地面积增长率（39.28%），中部地区湿地面积在全国的比重下降至 9.69%（表 1-11）。与第 1 次湿地资源调查相比，山西省、江西省、湖南省的湿地面积呈下降趋势，其中山西省的降幅达 69.61%。安徽省、湖北省呈快速增长趋势，其增长率分别为 59.32% 与 55.83%。

表 1-11　中部地区第 1 次与第 2 次湿地资源调查面积分布（万 hm²）

湿地资源调查	山西省	安徽省	江西省	河南省	湖北省	湖南省	合计	中国
第 1 次	49.99	65.39	99.88	62.41	92.73	122.69	493.09	3848.55
第 2 次	15.19	104.18	91.01	62.79	144.50	101.97	519.64	5360.26

1.2.6　其他资源

城市园林绿地面积主要包括公共绿地、居住区绿地、单位附属绿地、防护绿地、生产绿地、道路绿地和风景林地面积。研究期间，中部地区城市园林绿地面积除湖北省波动较大外，其余五省均快速增长（图 1-2）。主要是由于城镇化水平不断提高，人们对生活、居住环境提出更绿色、更适宜的要求，刺激了城市绿化面积的不断上升，同时也反映政府对城市环境的重视。

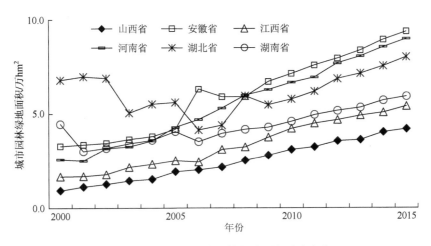

图 1-2　中部地区城市园林绿地面积动态变化

1.3　中部地区经济发展

1.3.1　GDP

2005 年之前，中部地区的 GDP 相对全国平均 GDP 较低，处于"塌陷"的状态。2005 年，中部地区人口占全国的 28.1%，经济总量为 3.34 万亿元，只占全国的 18.8%；人均 GDP 10383 元，仅为全国平均水平的 67.1%，只有东部地区的 40% 多，城乡居民收入分别为 8817 元与 2958 元，均不到东部地区的三分之二。2015 年中部地区 GDP 达 160646 亿元，占全国的 20.6%；城乡居民收入分别为 28879 元与 11794 元，超过西部地区，分别为全国平均水平的 85.94% 与 95.60%。中部地区已经站在新起点上，进入全面崛起的新阶段（中华人民共和国国家统计局，2017）。

从中部地区的总体经济发展动态情况来看，河南省的 GDP 总量一直居中部之首；湖北省与湖南省仅次于河南省的经济总量，经济发展状况非常相似；安徽省一直处于居中位置；2000～2011 年江西省和山西省的 GDP 呈现出相同的变化趋势，2012～2015 年间江西省 GDP 明显高于山西省，但两省 GDP 历年都低于中部平均水平，排在中部地区后面（图 1-3）。实施中部地区崛起国家战略后，中部地区经济发展速度与水平显著提高，发展活力进一步增强，可持续发展能力明显提升。

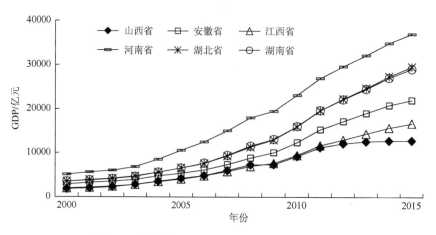

图 1-3　中部地区 2000～2015 年 GDP 动态变化

1.3.2　GDP 增长率

中部地区六省 GDP 年平均增长率排序为江西省＞湖北省＞湖南省＞安徽省＞河南省＞山西省（图 1-4）。值得注意的是山西省的 GDP 增长速度，2000～2004 年间居中部之首，2005 年开始下降特别是 2008 年与 2009 年降到中部最低，主要是因为拉动经济快速增长的第二产业增长率大大缩水，而后 2012～2014 年又远低于中部其他省份的增长率，说明山西省的经济现状为不仅 GDP 总量低而且增长速度慢。

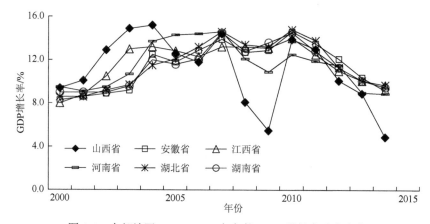

图 1-4　中部地区 2001～2015 年年均 GDP 增长率动态变化

1.3.3　人均 GDP

2000～2015 年我国中部地区六省人均 GDP 增长 6～8 倍，中部地区人均 GDP 16 年间平均值排序：湖北省＞山西省＞湖南省＞河南省＞江西省＞安徽省，但 2015 年人均 GDP 发生了较大改变，湖北省＞湖南省＞河南省＞江西省＞安徽省＞山西省（图 1-5），湖北省仍然是领头羊，但山西省已经居中部最低。2000～2011 年中部地区各省的人均 GDP 与全国平均水平之间仍然存在差距，从 2012 年开始，中部六个省份仅湖北省人均 GDP 超过全国平均水平。总体来看中部地区人均 GDP 增长率相差不大。2011～2014 年中部地区人均 GDP 增长率除山西省外其余 5 省份 GDP 均高于全国平均水平。

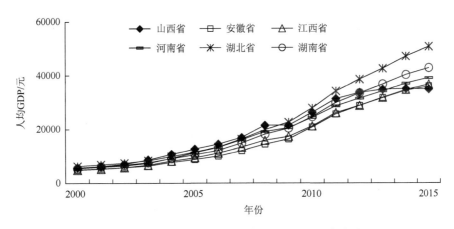

图 1-5　中部地区 2000～2015 年人均 GDP 动态变化

1.3.4　产业结构

中部地区虽然能源与矿产资源在全国占较大比重，但中部地区对资源的利用主要表现在原材料买卖和初级产品加工上，资源产业链较短，加工深度不够，导致产业发展的层次及经济效益偏低。2010 年中部地区三次产业比重为 13.2∶52.7∶34.1，而东部地区为 6.4∶49.8∶43.9，东北地区为 10.7∶52.3∶37，西部地区为 13.2∶50.1∶36.7。相对而言，中部地区第二产业比重达 52.7%，居全国首位；而第三产业比重仅为 34.1%，居全国最低，说明中部地区重工业发达，但服务业发展较为落后。2015 年中部地区 GDP 占全国的比重为 20.3%，其中第一产业占全国的比重达 26.1%，第二产业占全国比重为 21.4%，第三产业仅占 18.3%（表 1-12），说明其产业结构还有待于优化。

表 1-12　全国 2015 年分地区三次产业占比情况（%）

指标	东部地区	中部地区	西部地区	东北地区
GDP	51.6	20.3	20.1	8.0
第一产业	34.5	26.1	28.5	10.9
第二产业	50.6	21.4	20.2	7.7
第三产业	55.6	18.3	18.4	7.7

1.3.5　人均可支配收入

2016 年中部地区人均可支配收入 20006.2 元，高于西部地区的 18406.8 元，但远低于东部地区，也低于东北地区。2016 年中部地区农村居民人均可支配收入为 11794.3 元，低于全国平均水平（12363.0 元）。中部地区历年农村居民人均可支配收入以湖北省为最高，高于全国平均水平（表 1-13），其余五省均低于全国平均水平。

表 1-13　中部地区农村居民人均可支配收入（元）

年份	中国	山西省	安徽省	江西省	河南省	湖北省	湖南省
2013	9429.6	7949.5	8850.0	9088.8	8969.1	9691.8	9028.6
2014	10488.9	8809.4	9916.4	10116.6	9966.1	10849.1	10060.2
2015	11421.7	9453.9	10820.7	11139.1	10852.9	11843.9	10992.5
2016	12363.0	10082.5	11720.5	12137.7	11696.7	12725.0	11930.4

2016 年中部地区城镇居民人均可支配收入为 28879.3 元，低于全国平均水平（33616.0 元）。中部地区历年各省城镇居民人均可支配收入均低于全国平均水平（表 1-14），说明城镇居民人均可支配收入还有很大提升空间。

表 1-14　中部地区城镇居民人均可支配收入（元）

年份	中国	山西省	安徽省	江西省	河南省	湖北省	湖南省	中部地区
2013	26955.1	22455.6	23114.2	21872.7	22398.0	22906.4	23414.0	—
2014	28843.9	24069.4	24838.5	24309.2	23672.1	24852.3	26570.2	—
2015	31194.8	25827.7	26935.8	26500.1	25575.6	27051.5	28838.1	26809.6
2016	33616.0	27352.3	29156.0	28673.3	27232.9	29385.8	31283.9	28879.3

1.4　中部地区生态环境

中部地区崛起战略提出后，中部六省坚持生态文明发展理念，贯彻落实生态保护制度，加大污染防治力度，加强生态环境保护与建设，倡导发展低碳经济，积极推进产业结构优化升级，生态环境质量有所改善，单位 GDP 能耗、水耗与电耗等指标均有较明显下降（喻新安等，2014）。但中部六省的支柱产业主要是与资源相关的高耗能产业，加重了其对资源和能源的依赖。2015 年中部地区 GDP 占全国 GDP 的比重仅为 20.3%，而其能源消费总量占全国能源消费总量的比重达25.65%（中华人民共和国国家统计局，2016），说明中部地区对全国 GDP 的贡献不如其所消耗的能源比重。除经济发展过程中高耗能产业所占比重仍然较高外，中部地区重金属污染、水污染等环境问题仍较突出，环境污染从工业污染扩展到农业与生活污染，从点源污染扩展到面源污染，从城市污染扩展到乡村污染。因此，中部地区生态环境综合治理、绿色发展与节能减排等任务仍然较重。

1.4.1　废水排放量

中部地区 2004～2016 年废水排放总量除 2016 年有所下降外，其余年份呈逐年增加趋势。2004～2016 年以河南省废水排放总量最高，呈现平稳增长趋势；湖南省与湖北省相差不大，湖南省自 2006 年下降后趋于平缓增长；安徽省排名第四，前期较平稳，2011 年较 2010 年增长幅度较大，达 31.73%，随后呈现平稳增长趋势；江西省排名第五，变化趋势与安徽省基本一致；山西省废水排放总量最低，总体呈上升趋势（表 1-15）。

表 1-15　中部地区 2004～2016 年废水排放总量动态变化（亿 t）

年份	山西省	安徽省	江西省	河南省	湖北省	湖南省	合计
2004	9.37	14.83	12.01	25.07	23.26	25.00	109.54
2005	9.51	15.66	12.33	26.26	23.74	25.56	113.06
2006	10.29	16.65	13.45	27.80	23.97	24.41	116.57
2007	10.46	17.53	14.13	29.65	24.66	25.21	121.64
2008	10.69	16.87	13.89	30.92	25.89	25.03	123.29
2009	10.59	17.97	14.71	33.40	26.58	26.03	129.28
2010	11.83	18.47	16.07	35.87	27.08	26.81	136.13
2011	11.61	24.33	19.44	37.88	29.31	27.88	150.45
2012	13.43	25.43	20.12	40.37	29.02	30.42	158.79

年份	山西省	安徽省	江西省	河南省	湖北省	湖南省	合计
2013	13.80	26.62	20.71	41.26	29.41	30.72	162.52
2014	14.50	27.23	20.83	42.28	30.17	31.00	166.01
2015	14.53	28.06	22.32	43.35	31.38	31.41	171.05
2016	13.93	24.07	22.11	40.21	27.48	29.88	157.68

工业是我国经济发展的重要支撑，其带来的环境污染问题更为严重。中部地区工业废水排放量除 2000 年、2003 年和 2004 年湖南省排放最大外其余年份均是河南省最大，河南省呈波动上升趋势，说明其资源环境污染问题日益突出；湖南省次之，湖北省排名第三，两省呈波动下降趋势，年均下降幅度分别为 2.07% 与 1.84%；安徽省工业废水排放量较平稳，除 2008 年、2010~2012 年、2015 年较江西省低外，其余年份均比江西省高；山西省工业废水排放量居中部地区最低，呈波动增长趋势（图 1-6）。值得注意的是中部地区的工业废水排放达标率与全国平均水平相当，然而万吨工业废水化学需氧量排放量与万吨工业废水氨氮排放量指标都低于全国平均水平。

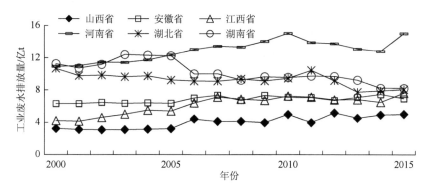

图 1-6　中部地区 2000~2015 年工业废水排放量动态变化

1.4.2　废气排放量

中部地区废气 SO_2 排放量山西省波动较大，总体呈下降趋势，SO_2 排放量年均值达 130.43 万 t，居中部之首；河南省先增长后下降，总体呈增长趋势，年均值 126.30 万 t，排名中部第二；湖南省与湖北省分别排名第三与第四，呈现先增长后下降趋势；安徽省、江西省的 SO_2 年均排放量相差较小，但变化趋势稍有不同（图 1-7）。2011~2015 年各省 SO_2 排放均有不同程度下降，这主要是因为各省采取各种措施控制 SO_2 的排放。例如，通过提高污染排放标准来要求各企业严格

控制自身 SO_2 的排放，让设备技术落后与造成严重污染的污染企业停止或退出生产，研究采用新技术与提高设备治理污染能力使 SO_2 的排放减少，加强重点流域的污染处理与防治，引用实时监测及预警技术等。

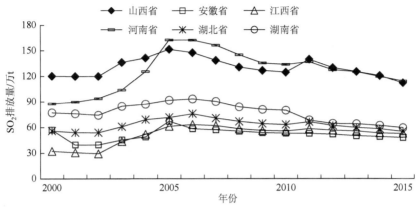

图 1-7　中部地区 2000～2015 年 SO_2 排放量动态变化

1.4.3　环境污染治理

2015 年中部地区环境污染治理投资额 2013 亿元，占中部地区 GDP 比重为 1.37%，高于全国平均水平（1.28%），但低于西部地区（1.53%）（表 1-16）。研究期间中部六省环境污染治理投资额动态变化较明显。2000～2003 年中部地区六省环境污染治理投入都较少，直到 2004 年中部地区崛起战略提出后，各省意识到了环境污染的巨大危害，投入明显加大。各省推进水环境与重金属污染防治、农村环境综合治理，加强了重点领域环境风险防范，实施大气污染物综合防控，改善重点城市空气环境质量。例如，山西省设立生态走廊对树木与植物适地进行种植，并建设围绕各大小河流及公路的绿化带；安徽省在各经济开发区设立专项基金，加强周边城镇的生态建设，对产业密集区的绿化建设进行合理布局；江西省加强了重点湖泊和湿地的保护与修复，严禁对野生动物进行捕杀与对野生植物进行砍伐；河南省以小流域为单元，综合治理水土流失，对工业污染物排放进行严格控制；湖北省对工业区实行严格的实时监测，预防污染物排放对周边环境造成破坏；湖南省通过增大环境保护投资来降低工业废水及生活污染物的排放（刘奇，2016）。

表 1-16　中部地区 2015 年环境污染治理投资总额与占 GDP 比重

项目	山西省	安徽省	江西省	河南省	湖北省	湖南省	合计
投入/亿元	257.6	439.7	235.5	295.8	246.8	537.6	2013
占 GDP 比重/%	2.02	2.00	1.41	0.80	0.84	1.86	—

1.4.4 水土流失治理

中部地区 2000～2015 年水土流失治理面积呈波动变化（图 1-8），山西省的水土流失治理面积最大，是全国水土流失较为严重的省份之一，主要因为山西省是煤炭大省，煤炭开采对环境造成很大影响，尤其是山西省沿黄河区域自然条件恶劣，生态环境非常脆弱，严重制约了当地经济发展与农民脱贫致富。因此山西省非常重视水土流失治理，尤其是"十二五"以来，分区域规划、实施水土保持生态建设，水土流失治理面积不断增长。安徽省的水土流失治理面积最小，特别是近 3 年有下降趋势。值得注意的是江西省，研究期间水土流失治理面积不断增长，说明政府为了保护生态环境、建设生态文明做出了很大努力。

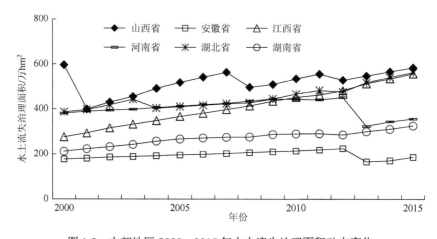

图 1-8　中部地区 2000～2015 年水土流失治理面积动态变化

1.4.5 水质与空气质量

2016 年山西省地表水水质为中度污染，监测的 100 个断面中，Ⅰ～Ⅲ类断面 48 个，占监测断面总数的 48.0%；劣Ⅴ类的断面 28 个，占监测断面总数的 28.0%。2016 年 11 个地级市达标天数平均 249 天，占全年有效监测天数的 67.9%。虽然与以往相比山西省水质与空气质量有好转，但其生态环境形势依然不容乐观，经济社会发展与生态环境脆弱的矛盾比较突出，为全国环境污染和生态破坏较严重的省份，为此，山西省在维护环境安全、促进人与自然和谐发展方面任重而道远（山西省环境保护厅，2017）。

2016 年安徽省 29 座湖泊水库与 101 条河流总体水质状况为轻度污染。253 个地表水监测断面中，Ⅰ～Ⅲ类水质断面占 69.6%；劣Ⅴ类水质断面占 6.7%。安徽省辖淮河流域总体水质为轻度污染，长江流域总体水质为良好，新安江流域总体水质为优，巢湖为轻度富营养。自开展新安江流域生态补偿试点以来，累计投入 103.5 亿元，完成生态保护项目 134 个，水质连续四年达到生态补偿标准。16 个设区市集中式生活饮用水水源地水质达标率为 98.1%。2016 年，安徽省平均空气质量优良天数比例为 74.3%，其中黄山市空气质量优良天数比例达 97.3%，城市生态环境质量整体良好。2016 年安徽省平均酸雨频率为 10.9%，酸雨污染状况有所好转（安徽省环境保护厅，2017）。

2016 年江西省地表水水质良好，Ⅰ～Ⅲ类水质断面比例为 81.4%，主要河流Ⅰ～Ⅲ类水质断面比例为 88.6%，其中，抚河、修河、东江等水质为优；信江、饶河、赣江、袁水、萍水河及环鄱阳湖区水质总体良好。柘林湖水质总体为优；鄱阳湖和仙女湖水质为轻度污染，主要污染物为总磷。11 个地市城市优良天数比例为 86.4%，总体生态环境良好（江西省环境保护厅，2017）。

2016 年河南省地表水水质级别为轻度污染。海河流域为重度污染，淮河流域、黄河流域为轻度污染，长江流域为优，主要污染因子为化学需氧量、五日生化需氧量和总磷。141 个省控河流监测断面中，断流 3 个，占 2.1%；Ⅰ～Ⅲ类水质断面 72 个，占 51.1%；Ⅳ类 28 个，占 19.9%；Ⅴ类 11 个，占 7.8%；劣Ⅴ类 27 个，占 19.1%。2016 年河南省省辖市、省直管县（市）饮用水源地浓度年均值评价水质级别为良好，18 个省辖市城市环境空气首要污染物为 $PM_{2.5}$，其次为 PM_{10}（河南省环境保护厅，2017）。

2016 年湖北省地表水环境质量状况总体良好，水质总体保持稳定。主要河流监测断面中，水质优良且符合Ⅰ～Ⅲ类断面比例为 86.6%，劣Ⅴ类断面比例为 3.9%。11 座水库符合Ⅰ～Ⅱ类标准且水质为优的 10 座，功能区水质达标率为 100%。21 个主要湖泊水域中优良水域占 38.1%，轻度污染水域占 47.6%，中度污染水域占 14.3%。2016 年，湖北省 17 个重点城市空气质量平均优良天数比例为 73.4%，生态环境状况指数为 71.06，总体环境良好（湖北省环境保护厅，2017）。

2016 年湖南省地表水环境质量总体保持稳定，浏阳河、邵水等支流及洞庭湖湖体的水质局部有所提升。监测的地表水省控断面中，Ⅰ～Ⅲ类水质标准的断面达 89.7%。全省 14 个地级以上城市的饮用水水源地水质达标率为 98.6%。2016 年 14 个市州所在城市全年环境空气中 SO_2、NO_2、CO、O_3 四项污染物浓度均优于国家二级标准；PM_{10} 和 $PM_{2.5}$ 年均浓度超过国家二级标准。降水 pH 均值为 4.75，酸雨频率为 56.2%（湖南省环境保护厅，2017）。

第2章 区域生态补偿理论基础

2.1 若干重要概念

2.1.1 中部地区

中部地区是一个相对的概念,在不同的历史时期或从不同的角度指不同的区域范畴。20世纪80年代中期,国家"七五"计划明确提出地区经济发展政策,全国分为东部、中部、西部三大经济地带,其中中部地带包括黑龙江省、吉林省、内蒙古自治区、河南省、山西省、安徽省、江西省、湖北省、湖南省。后来国家提出"西部大开发"战略,将内蒙古自治区由中部划出,而后国家提出"振兴东北老工业基地"战略,又将黑龙江省与吉林省划出,此时的中部地区包括山西省、安徽省、江西省、河南省、湖北省、湖南省六省(高明秀等,2011)。中部地区概念的演变与国家区域战略紧密联系。本书所说的中部地区包括山西省、安徽省、江西省、河南省、湖北省、湖南省。

2.1.2 生态补偿的定义及由来

国外常将生态补偿称为生态系统或环境服务付费(payment for ecosystem/environmental service,PES)、生态服务付费(payment for ecological service)、生态效益付费(payment for ecological benefit)、流域服务付费(payments for watershed service,PWS)、森林保护付费(payments for forest protection)、生物多样性保护付费(payment for biodiversity conservation)等,国外生态补偿相关概念并没有区分环境服务(environmental service)和生态系统服务(ecosystem service),认为环境服务包含生态系统服务。环境服务不仅包括自然生态系统的人类福利,还包括与生态系统管理有关的福利(中国21世纪议程管理中心,2012)。国内大多使用生态补偿(compensation for ecosystem/environmental services,eco-compensation/ecological compensation)这一概念,此外还有生态环境补偿、环境补偿、森林生态产品价值补偿、生态公益林补偿、生态系统服务价值补偿、生态系统服务补偿、矿产资源开发补偿、生态效益补偿、流域生态补偿、生态资源价值补偿、生态建设补偿等同义语与近义词。

国际上对生态补偿的定义很多，但都没有统一。其中 Wunder 与 Engel 的定义被大多数人认可与引用，Wunder（2005）定义生态补偿项目是一种自愿的交易，应具有明确的生态系统服务并且可以度量，最少具有一个以上生态系统服务提供者与购买者，并且当且仅当生态系统服务提供者按合约要求提供生态系统服务时，购买者才对其进行支付。Wunder 的生态补偿定义从一提出就受到多名学者质疑，主要是该定义界定标准不太符合实际且不合理。主要表现在以下几方面：首先，生态系统服务提供者与购买者双方交易的自愿程度不高；其次，生态系统服务难以量化导致交易不可持续；再次，交易所需的监管体系会导致交易成本提高；最后，生态系统服务交易双方发生资源转移后将直接支付与投资目标联系起来，偏离了环境保护的目标。Engel 等（2008）从降低交易成本的角度出发，对 Wunder 的定义进行补充，认为生态系统服务的购买方不仅是实际受益者，而且包括政府和国际组织等第三方，同时考虑了集体产权在生态补偿实践中的作用，将社区等集体组织也纳入生态系统服务提供方。Engel 等（2008）认为生态补偿作为一种财政激励手段，其目的是鼓励生态系统服务供给者提供更多的生态系统服务。

近年来国内学者从生态学、管理学、经济学、法学等学科领域来定义生态补偿。从生态环境外部性的角度对生态补偿的定义为对损害（或保护）生态环境的行为进行收费（或补偿），激励损害（或保护）行为主体减少（或增加）因该行为所带来的外部不经济性（或外部经济性），以达到保护生态环境的目的。从生态系统服务角度出发，生态补偿是按照受益方付费、受损方得到补偿的原则，受益方依据其开发利用生态系统服务的获利及自身的生态补偿支付意愿，受损方依据其受损成本和额外受损的生态系统服务价值及自身的生态补偿受偿意愿，通过相关方的博弈，由受益方向受损方提供补偿，用来弥补生态系统服务生产与消费等过程中的制度缺位，降低交易成本，可持续利用生态系统服务，促进代内和谐和代际公平的一种制度安排（毛显强等，2002）。

生态补偿机制与政策课题组对生态补偿的定义为生态补偿是以保护和可持续利用生态系统服务为目的，以经济手段为主调节相关者利益关系的制度安排。更详细地说，生态补偿机制是以保护生态环境，促进人与自然和谐发展为目的，根据生态系统服务价值、生态保护成本、发展机会成本，运用政府和市场手段，调节生态保护利益相关者之间利益关系的公共制度（中国生态补偿机制与政策研究课题组，2007）。

综上所述，生态补偿作为生态环境保护的一种经济手段，是通过一定的政策手段让生态保护的受益者支付相应的生态补偿费用，使生态保护者得到补偿；同时对生态环境破坏者进行处罚，达到激励人们保护生态环境的目的（Mishra et al.，2012）。生态补偿本质上是查找生态系统服务生产、消费和价值实现过程中相关方利益不均衡、交易成本过高的领域，通过制度安排使受益方付费、受损方得到补偿，并激励（或避免）相关方实施有（不）利于全局、整体和长期利益的行为，以实现人类代内的和谐（人与人的和谐、人与自然的和谐）和代际的公平及可持续利用生态系统服务，是一种将环境外部效应内部化的经济手段（俞海和任勇，2007）。生态补偿是当前我国资源、环境与区域协调发展等领域的研究热点。

2.1.3　生态补偿的类型

不同领域的学者根据自身的研究需要，对生态补偿进行了种类繁多的类型划分，见表2-1（何承耕，2007）。

表 2-1　生态补偿的主要类型

分类依据	主要类型	内涵
补偿对象性质	保护补偿	对为生态保护做出贡献者给予补偿
	受损补偿	对在生态破坏中的受损者进行补偿和对减少生态破坏者给予补偿
条块角度	区域补偿	由经济比较发达的下游地区反哺上游地区
	部门补偿	直接受益者付费补偿
政府介入程度	强干预补偿	通过政府的转移支付实施生态保护补偿机制
	弱干预补偿	指在政府的引导下实现生态保护者与生态受益者之间自愿协商的补偿
补偿效果	输血型补偿	政府或补偿者将筹集起来的补偿资金定期转移给被补偿方
	造血型补偿	补偿的目标是增强落后地区发展能力
可持续发展	代内补偿	指同代人之间进行的补偿
	代际补偿	指当代人对后代人的补偿
补偿的区域范围	国内补偿	国内补偿还可进一步划分为各级别区域之间的补偿
	国家间补偿	污染物通过水、大气等介质在国与国之间传递而发生的补偿，或发达国家对历史上的资源殖民掠夺进行补偿
补偿的途径	直接补偿	由责任者直接支付给直接受害者
	间接补偿	由环境破坏责任者付款给政府有关部门，而由政府有关部门给予直接受害者以补偿
补偿资金来源	国家补偿	由国家财政支付补偿
	社会补偿	泛指由受益的地区、企业和个人提供的补偿
补偿的内涵	广义补偿	污染环境的补偿和生态功能的补偿
	狭义补偿	生态功能的补偿

生态补偿机制与政策课题组将生态补偿分为国际生态补偿和国内生态补偿，将国内生态补偿划分为区域、重要生态功能区、流域和生态要素生态补偿。区域生态补偿主要侧重对西部地区进行补偿，主要由政府进行购买。重要生态

功能区生态补偿主要包括对生物多样性保护区、水源涵养区、防风固沙区、调蓄防洪区与土壤保持区等的补偿。流域生态补偿包括对长江、黄河等 7 条大江大河、跨省界的中型流域、城市引用水源区、地方行政辖区内的小流域等的补偿。生态要素补偿包括对森林保护、矿产资源开发、水资源开发、土地资源开发等的补偿。

2.1.4　生态补偿机制与核心内容

生态补偿机制是一种环境经济政策，指根据生态系统服务价值、发展机会成本与生态保护成本等，采用政府与市场等手段来调整生态环境保护、恢复与建设利益相关者之间的关系，从而达到保护生态环境、促进人与自然和谐发展的目的。生态补偿机制的重点领域有森林、自然保护区、矿产资源开发、重要生态功能区、西部地区、流域等。建立生态补偿机制，有利于不同区域与不同利益相关者的协调可持续发展，与国家生态安全、区域协调发展、各部门和每个公民的切身利益相关，是一项非常复杂的系统工程（王金南等，2006）。

建立生态补偿机制的核心内容主要有三方面：一是谁补偿给谁（补偿主体与客体）；二是补偿多少（补偿标准）；三是如何补偿（补偿途径与方式）。

2.1.5　区域生态补偿机制及实现途径

区域生态补偿为生态补偿的重要组成部分，是建设美丽中国的具体要求，主要是解决生态系统服务的提供者与受益方，经济发达地区与经济较落后地区（生态功能重要）之间的关系问题（吴晓青等，2003）。区域生态补偿不仅包含区域内的经济活动对区域内的生态环境产生外部性，还包括某区域的经济活动对其他区域的生态环境产生的影响（金波，2010）。区域生态补偿从"科学发展观""可持续发展"等关注的"人地关系"延伸到"区域关系"，即协调人与自然和谐、区域与区域的关系，其核心理论问题是"区域外部性"（王昱，2009）。

区域生态补偿机制是指利用生态补偿手段协调区域生态环境保护和建设的利益相关方，实现区域外部效应的内部化，实现可持续利用生态系统服务的一种制度安排（王昱，2009；丁四保和王晓云，2008）。区域生态补偿机制主要关注区域产权、区域主体与区域利益相关者通过经济手段或制度安排来调整不同区域之间生态环境与经济利益的关系，从而达到提升整体生态环境质量与促进区域协调可持续发展的目的。

区域生态补偿机制的实现途径主要有政府补偿与市场补偿(丁四保和王晓云，2008)，目前大多国家以政府补偿为主，市场补偿为辅。政府补偿包括财政转移支付、生态税费、生态补偿专项基金等；市场补偿途径包括碳排放权交易、水权交易、排污权交易等。

2.2　生态补偿的主要理论依据

2.2.1　区划理论

区划指根据区域自然、经济与社会条件，考虑其发展的要求，按照一定的标准划分区域和确定区域主导功能的行为（黄寰，2012）。目前与本书生态补偿相关的区划主要包括行政区划、生态功能区划与主体功能区划。

行政区划划分的区域为行政区域，从行政区域进行生态补偿研究，其实践的可操作性强。生态功能区划根据区域生态环境的现状与生态系统服务功能空间分异，将不同区域划分为不同生态功能区，其目的是改善区域生态环境，维护区域生态安全，促进经济社会与人口资源环境协调发展。2008 年我国的《全国生态功能区划》正式颁发，为生态补偿的具体实施奠定了基础，是中央财政纵向转移支付生态补偿的重要依据。主体功能区划根据各个不同区域的环境资源承载力、发展潜力与开发强度，统筹规划，确定不同区域的主体功能，形成经济、人口、资源、环境协调发展的空间开发格局，主体功能区划有利于促进人与自然的和谐发展，有利于规范空间开发的尺度。2010 年国务院下发了《全国主体功能区规划》，按开发方式划分为优先开发区域、重点开发区域、限制开发区域与禁止开发区域 4 类（冷清波，2013）。如何保障全国主体功能区规划的实施，需要建立健全区域生态补偿机制，加大财政转移支付力度，对做出了牺牲的生态保护地区给予生态补偿，实现人地和谐及人与人的和谐（黄寰，2012）。

2.2.2　外部性理论

1. 定义与内涵

外部性又称"外部效益""外部影响""外在性""溢出效应"等，外部性理论可用于研究社会经济活动与生态环境问题的原因。不同学者对外部性的定义较多，多数人认为私人成本或收益与社会成本或收益的不对等及未通过市场交易获益或付费分别是外部性产生的原因与条件（马中，1999）。

2. 分类

庇古将外部性分为正外部性与负外部性。某一经济主体的生产或消费使另一经济主体受益但未得到另一经济主体的补偿为正外部性，某一经济主体的生产或消费使得另一经济主体受损但未给予另一经济主体补偿为负外部性。自然资源的可更新性、可转移性、多用途性决定了自然资源具有显著的正负外部性（郑海霞，2010）。正负外部效应均导致私人边际效益或成本和社会边际效益或成本不一致，使得资源配置不合理。有两种方法可以解决外部性问题，一种认为利用市场途径解决外部性问题，政府对正外部性给予补贴，对负外部性处以罚款（征税），使得外部性的生产者私人成本等于社会成本，从而提高整个社会的福利水平；另一种认为如果自然资源的产权清晰、市场机制完善，外部性利益相关者会主动协商，利用市场交易来解决外部性问题。在利益主体众多、产权不明的情况下，政府需要发挥主导作用，而在产权明确、利益关系简单的情况下，可充分发挥市场手段的作用。这两种解决外部性的方法就是庇古和科斯方法，目的是使社会成本内在化（郑海霞，2010）。

3. 在本书中的应用

　　某区域采取各种措施保护生态环境，使得其他区域得到清洁的水或空气，其产生的社会效益大于私人效益，产生外部经济性。当存在外部经济性时，区域生态保护的边际社会效益（marginal social benefit，MSB）大于边际私人效益（marginal private benefit，MPB），MSB 与 MPB 之间的部分为外部正效益（图 2-1）。区域投入人力物力进行自然资源或生态环境保护时，其投入由 MPB 和边际成本（marginal cost，MC）决定，这时自然资源保护量 Q_1 小于由 MSB 和 MC 决定的有效自然资源保护量 Q_3。若区域生态保护成本能够得到充分的补贴或补偿，使其自然资源保护量达到 Q_3，则能够实现外部效益的内部化，对区域自然资源保护起激励作用。

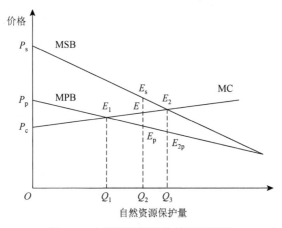

图 2-1　自然资源保护的外部经济性

本图根据许凤冉等（2010）提供的信息修改而成

在生态环境保护现状较好的地区，自然资源保护程度 Q_2 介于 Q_1 与 Q_3 之间，存在的私人效益为 $OP_pE_pQ_2$，社会效益为 $OP_sE_sQ_2$，存在相应的保护成本为 OP_cEQ_2、外部正效益为 $P_pP_sE_sE_p$。对区域生态补偿量的测算来讲，补偿量的下限应为 E_1EE_p，上限为 $P_pP_sE_sE_p$。区域外部成本内部化是测算生态补偿标准的主要经济学基础。

2.2.3　公共产品理论

社会产品可分为公共产品和私人产品两大类。非排他性与非竞争性是公共产品的两个基本特征，这两个特征导致在公共产品的使用中分别会产生"搭便车"和"公地的悲剧"现象（马中，1999）。"公地的悲剧"导致公共产品过度使用；"搭便车"导致公共产品供给不足，这两种现象导致市场不能使生态系统服务的供给和分配达到帕累托最优（刘玉龙和胡鹏，2009）。因此，为保证公共物品的正常提供，应基于"受益者付费与保护者得到补偿"的原则对生态效益供给或保护主体进行激励，以达到有效配置环境资源的目的。

生态环境与自然资源不仅具有外部性、区域性等特征，还具有公共产品的基本属性，其公共产品属性会造成人们滥用自然资源，破坏生态平衡，导致生态环境与自然资源供给不足与过度使用。公共产品一般是由政府来提供的，政府可通过管理与埋单来保证其供给，但并不意味着所有的公共物品都由政府来生产（王金南等，2006），政府可引入市场机制来实现公共产品的有效配置。如何通过制度创新让受益者付费，有效激励生态保护者或建设者，是当前需要解决的一个重要问题。

2.2.4　生态系统服务价值理论

1. 生态系统服务概念与内涵

"生态系统服务"一词，国外起源于"ecosystem service"，亦称为生态系统服务功能、生态服务功能，对其概念与内涵的研究较多。目前引用较多的是 Daily（1997）的定义，即"生态系统与生态过程所形成与所维持的人类赖以生存的自然环境条件与效用"。此外，Costanza 等（1997）强调生态系统服务包括生态系统提供的产品和服务，自然和人工生态系统均可提供各类产品和服务。千年生态系统评估报告认为人类从生态系统获得的各种产品与服务就是生态系统服务，生态系统服务功能可分为供给、调节、文化和支持功能四大部分（赵士洞，2007）。

2. 生态系统服务价值分类与评估方法

国内外生态系统服务价值分类体系主要有 UNEP、Pearce、OECD 等。目前，被研究者采用最多的是 Pearce 分类体系，该分类体系将生态系统服务总经济价值分为使用价值与非使用价值，而使用价值主要由直接使用价值、间接使用价值和选择价值组成（赵军和杨凯，2007）。直接使用价值为资源环境直接满足人类生产和消费需要的价值；而资源环境提供用来支持生产和消费活动的各种功能中的间接获取的效益为间接使用价值；选择价值又称为期权价值。非使用价值包括存在价值和馈赠价值，为资源环境的内在价值。

生态系统服务具有外部性和公共物品的属性，使得有些生态系统服务价值不能通过市场体现出来。按照市场发育程度不同，生态系统服务的价值分为市场价值和非市场价值两部分（赵军和杨凯，2007）。各种方法的优缺点及应用见表 2-2。

表 2-2　生态系统服务价值评估方法

分类	方法	优点	缺点
直接市场价值评估法	费用支出法	可以粗略计算服务价值	计算不够全面
	市场价值法	结果比较客观	数据较难获取
	机会成本法	计算相对较简单，易操作	参照对象较难获取
	恢复与防护费用法	数据较易获取	计算结果偏低
揭示偏好价值评估法（替代市场法）	旅行费用法	评估游憩使用价值	不能核算非使用价值
	影子工程法	估算难以量化的生态价值	替代工程时空差异大
	价值转移法	可估算游憩、娱乐等外溢效益转移价值	计算过程较复杂
陈述偏好价值评估法（假想市场法）	条件价值法	适合评估缺少实际市场与替代市场的服务价值	结果会出现较大偏差
	选择试验法	结果相对较准确	问卷设计与调查的实施难度较大

国外学者主要通过揭示偏好价值评估法和陈述偏好价值评估法对生态效益非市场价值进行评估研究。揭示偏好价值评估法主要通过市场信息推算生态环境产品或服务的价值，在没有直接的市场价格时，由市场上其他替代产品的市场价值来间接得到该生态环境产品的价值，主要包括旅游费用法、影子工程法、效益转移法等。陈述偏好价值评估法也称假想市场法或构造市场法，适用于没有真实市场数据，并且不能通过间接市场来评估生态系统服务价值的情况，通过该方法引导消费者对生态系统服务偏好作出价值评估，主要包括条件价值评估法（contingent valuation method，CVM）和选择试验法（马爱慧，2011），目前，CVM 的研究与实证方面的文献较多（李超显，2015）。

3. 生态系统服务功能与生态补偿的关系

生态系统服务功能与生态补偿两者密不可分，生态系统服务功能是生态补偿的基础，生态系统服务价值评估为保护、恢复、维持和改善生态系统服务带来的成本投入、成本损失和机会损失是确定生态补偿金额的重要参考。生态补偿是生态系统服务功能完善的根本保证，建立与实施生态补偿机制有利于区域生态系统服务功能的可持续发展（王振波等，2009）。

2.2.5　可持续发展理论

发展是人类不变的主题，可持续发展理论是发展理论的深化与拓展。1987 年世界环境与发展委员会（World Commission on Environment and Development，WCED)在向联合国提交的"我们共同的未来"的报告中第一次对可持续发展的概念和内涵进行了系统阐述，受到国际社会的广泛认同。该报告提出可持续发展是指"既要满足当代人的需要，又不对后代人满足其需要的能力构成危害的发展"（蒋伟，1988）。1992 年的"联合国环境与发展大会"与 2002 年的"可持续发展世界首脑会议"出台了一系列纲领性文件，可持续发展成为人类的重要课题。2014 年 Holden 等对"我们共同的未来"中"可持续发展"的定义进行修正，可持续发展主要包括自然资源与生态环境、经济和社会的可持续发展 3 个方面，其中自然资源与生态环境可持续发展是可持续发展的基础。我国对可持续发展理论进行了丰富与发展，提出了科学发展理论（即科学发展观），该理论系统科学地总结了人与自然关系、人与社会关系，充分体现了人类活动的实践过程。

可持续发展理论与科学发展理论使人们认识到自然资源、环境容量和生态承载力等都是有价值的商品；人们对受损生态系统的恢复支出、对环境污染损失的赔偿、对良好生态环境的补偿等都要计算在资源价格体系中，因此要开展自然资源价格研究，通过市场途径促进自然资源的有效配置。

可持续发展理论与科学发展理论是生态补偿机制研究的出发点，在实施生态补偿机制过程中，要以可持续发展理论与科学发展理论为指导，促进经济、社会、资源与环境等方面的协调持续发展，通过建立健全生态补偿机制来实现可持续发展战略。

2.2.6　生态文明视角论

"生态文明"的概念由苏联在 1984 年提出，但由中国推动其发展（杨帆，2013）。2007 年中国共产党的"十七大报告"首次正式对"生态文明"给予表述，明确提出中国要建设生态文明。随后，党的十七届四中全会将生态文明提升到与经济、政治、文化及社会建设并列的战略高度。2012 年党的"十八大报告"中再次指出，要树立尊重自然、顺应与保护自然的生态文明理念，将生态文明建设融入经济、政治、文化和社会建设的各个方面和全部过程。

生态文明是人类社会的一种高级发展形态，是以可持续发展为导向的一系列思维与行为方式、价值观念和制度形态的总和，生态文明的目标是实现社会、经济与生态共同进步、协调可持续发展（杨帆，2013）。

生态文明是社会主义的根本属性，也是马克思主义的本质要求。社会主义的政治文明、物质文明和精神文明与生态文明密不可分，生态文明是政治文明、物质文明和精神文明的前提。否则，人类就会陷入生存危机，生态安全没有保障。中国传统文化中的生态和谐观为实现生态文明奠定了哲学基础，后来党中央提出的科学发展观、建设社会主义和谐社会与生态文明等一系列的政治理念，与可持续发展理念、生态社会主义等相互借鉴，相互融合，共同推动中国特色社会主义生态文明建设。生态文明是人类社会全新的发展状态，以尊重和保护生态环境为目标，以可持续发展为主旨，是人类对自身发展的有益探索和实践，强调人类社会内部、人与自然之间的协同发展及发展的可持续性，要求人类从根本上改变原来的发展观念。

生态文明是我国生态环境的建设目标，生态补偿是达到生态环境建设目标的政策手段（靳乐山和魏同洋，2013）。生态补偿能促进资源的有偿使用，达到节能减排和节约资源的目的，从而有利于生态文明建设。生态补偿采用经济激励措施鼓励生态系统服务功能强的区域多提供生态产品，有利于提高森林覆盖率，能保持生态系统的稳定性，从中体现生态文明。生态补偿对生态保护者与受益者、上游居民与下游居民、上下游政府与中央政府等多种利益关系进行调整，主要目的是使人与人、人与自然以及当代与后代实现可持续发展，体现生态文明的内在要求。生态补偿中的碳排放权、排污权、水权交易等制度建设是生态文明制度建设的重要组成，生态补偿机制的实施有利于生态文明制度建设（靳乐山和魏同洋，2013）。

2.3　区域生态补偿基本理论框架

2.3.1　区域生态补偿原则

（1）污染者（或破坏者）付费原则：经济合作与发展组织（Organisation for Economic Co-operation and Development，OECD）于 20 世纪 70 年代提出了该原则，是指一切向环境排放污染物的个人与组织，应当依照一定的标准交纳费用，以补偿其污染环境所造成的损失，有利于污染者采取有效措施控制污染，交纳的费用可由政府等管理部门支配，用于污染物的治理。污染者付费原则是庇古税理论的应用，其本质为外部成本的内部化。

（2）受益者付费原则：受益方或受益者应当补偿生态系统服务的供应方或提供者。例如，作为自然资源保护的直接受益者，我国长江中下游经济发达地区可以以税收、财政转移支付等方式为上游生态保护区域支付一定数量的生态补偿额。

（3）使用者付费原则：环境资源的使用者应当就使用稀缺资源向政府补偿。可采取的措施包括征收耕地占用税、减少木材采伐及非木材资源和矿产资源的开发。

（4）保护者得到补偿原则：对生态保护与建设做出贡献与牺牲的群体或个体要按照其投资成本与机会成本得到补偿，激励生态系统服务的足额供给。

此外，闵庆文等（2006）提出了自然保护区生态补偿的 6 个原则，即公平性原则、科学性原则、动态性原则、差异性原则、透明性原则、协商性原则。王丰年（2006）提出建立生态补偿机制的原则为公平性、谁污染谁赔偿、谁受益谁补偿、循序渐进、有效性原则。

2.3.2　区域生态补偿主客体

区域生态补偿主客体的确定是生态补偿机制的出发点与重要问题之一（王清军，2009）。对于区域生态补偿的主客体问题的分析，不同学者观点不同。有学者提出生态补偿的主体主要有国家、社会和地区，目前以国家和社会补偿为主，地区补偿为辅（李文华和刘某承，2010）。也有学者提出将生态补偿的主体分为实施主体与受益主体、政府补偿和市场补偿（李远，2012），其中市场补偿是生态系统服务受益者对保护者的直接补偿，体现了环境法中的"受益者补偿"原则（王清军和蔡守秋，2006）。

区域生态补偿具有两种补偿对象：①保护生态环境付出大量成本且成效显著的经济社会实体（区域、社团、企事业法人或其他单位和个人）；②因其他经济社会实体过度利用自然资源破坏生态而利益受到损害的经济社会实体。在生态环境受益主体明确的情况下，由企业、单位和个人等明确的受益者作为补偿主体；在补偿主体缺位或难以确定的情况下，由国家和所在区域的政府作为补偿主体（许凤冉等，2010）。

在区分外部性的不同情形下，生态补偿主客体略微有些区别：在外部不经济的情形下，主要是指生态环境的破坏者补偿给受害者；而在外部经济时，通常是由受益者补偿给对生态效益的增加做出贡献而牺牲一部分利益的个体或群体。一般在初始产权明晰的情形下，这种主客体关系很容易得到界定（李远，2012）。

生态补偿主体和客体的关系可随双方的损益关系变化而互相转化，如在保护补偿的情况下，如果补偿对象达不到自然资源保护的考核标准而使补偿主体的利益受损，原作为补偿客体的乙方将成为负有赔偿责任的主体，而原作为补偿主体的甲方将成为有权索赔的补偿客体（郑海霞，2010）。

2.3.3　区域生态补偿标准

生态补偿标准的确定是生态补偿机制的第二个重要问题，决定生态补偿的效率。目前主要按照生态系统服务价值、生态足迹法、生态保护者或建设者投入和机会成本、生态受益者获利等方法对生态补偿额度进行核算（李怀恩等，2009）。基于生态系统服务功能的补偿标准一般作为补偿的上限值，也可以以机会成本为主要依据，结合保护地区的生态系统服务功能、受益地区的支付能力及支付意愿，通过协商和博弈确定当前的生态补偿标准。

区域生态补偿标准的核算方法多样，每种方法具有自身的特点（表 2-3）。区域生态补偿标准设计既要考虑其激励功能的长期性，也要考虑支付地区的财力水平。补偿标准设计维持在一个合理的水平才能对保护地区产生充分且持续的激励。过高可能超过区域受益地区的财政支出能力，也会使得受益地区对补偿政策的公平性和合理性存在质疑，难以保证补偿机制的长效性；过低则难以对生态保护与建设地区参与构建区域生态补偿机制产生充分激励。将各种生态补偿量化方法进行整合、对生态补偿标准进行动态评估、保证生态补偿实施的可操作性等是生态补偿未来的研究重点。

表 2-3　区域生态补偿标准确定方法及特点

方法名称	计算公式或思路	特点
机会成本法	$P=(G_0-G_1)\times N\times\alpha$，$\alpha$ 为补偿系数，G_0 与 G_1 为参考地区与保护地区人均 GDP，N 为总人口	计算出来的标准经常会高于补偿者的支付意愿与支付能力
支付意愿法	$P=WTP\times N$ WTP 为最大支付意愿，N 为人口	考虑受益方的支付意愿和支付能力
生态系统服务法	体现人类从生态系统获得的各种服务与服务的经济价值	计算出的服务价值量很大，仅能作为补偿的上限
生态保护总成本法	总成本 C_t 由生态保护的直接投入 C_d 和机会成本 C_i 决定	考虑用于生态保护所投入的费用及因生态保护而承担的发展机会成本
生态足迹法	自然资源需求与自然资源可供给量的差值，反映生态盈余或赤字	从生产或消费角度反映占用自然资源的情况
水足迹法	水需求与水资源可供给量的差值，反映水盈余/赤字	从生产或消费角度反映占用水资源的情况

2.3.4　区域生态补偿模式

区域生态补偿的途径或模式种类多样。如按财政转移方向可分为横向财政转移补偿与纵向财政转移补偿，根据政府与公众参与程度及市场介入程度可分为政府补偿与市场补偿。其中政府补偿主要采用财政转移支付、生态补偿基金、政策补偿等方式，市场补偿主要采用排污权交易、水权交易、碳排放权交易与生态标记等方式。中国区域生态补偿模式目前主要以政府主导的财政转移支付为主，市场化的私人资金与社会资金投入较少，政府补偿模式中主要包括财政转移支付、生态补偿专项基金、生态补偿税费等。

1. 政府补偿

1) 财政转移支付

生态补偿财政转移支付是实现生态补偿的重要方式，由自上而下的纵向财政转移支付和横向财政转移支付两种方式组成。目的是增加生态系统服务供给地区或经济落后地区地方政府的财政收入，补偿其所做出的牺牲。我国政府间采用最多的是纵向财政转移支付模式，是当前生态补偿的最重要的渠道。横向财政转移支付主要发生在各区域之间，由生态受益区向生态系统服务供给区支付一定数量的生态补偿资金或以其他方式进行补偿，以此来协调生态经济关系密切的相邻区域间的关系，横向财政转移支付是纵向财政转移支付的重要补充（汤群，2008）。横向财政转移支付基金的拨付需要综合考虑人口规模、GDP、生态效益外溢等因素（郑雪梅，2006）。

2) 生态补偿专项基金

生态补偿专项基金是指由中央与地方政府设立专门用于支付生态建设和环境保护的专项财政资金，是各级政府各部门开展生态补偿的重要形式。目前，农业、林业、国土、水利、环保等部门采取一系列措施，设立了农田保护、生态公益林补偿、农村新能源建设、水土保持补贴等专项基金（万军等，2005）。今后要注意整合各类环保资金与补偿资金，对国家重点生态功能区与禁止开发区进行补偿，保证生态补偿获得长期稳定的资金来源，实现生态效应的可持续。另外，要加强专项资金的规范管理、核算和监督，以提高资金的使用效益。

3) 生态补偿税费

需要尝试建立生态补偿税费制度，并以中央或地方立法的形式，明确生态补偿税费具体的征收项目和征收标准，建立企业与个人生态补偿收费制度（如排污收费制度），通过税费制度约束破坏生态环境的行为，补偿资金主要用于生态保护地区生态环境建设与恢复。

2. 市场补偿

按照资源环境有偿使用和"保护者受益、损害者赔偿、受益者补偿"的原则，在生态补偿中引入市场机制，使生态补偿从政府单一主体向社会多元主体转变，从财政单一渠道向市场多元渠道转变，不仅可以拓宽生态补偿的资金渠道，还可增强社会公众的生态环境保护的意识，促进各区域的合作全面与协调发展。目前采用的市场化补偿模式主要有以下几种。

1）排污权交易

排污权是指排污单位对环境容量资源的使用权（黄显峰等，2008），是协调环境保护与经济发展的有效途径。排污权交易是指某区域内，在满足大气或水污染物排放总量小于其最大排放量的条件下，各区域或内部各污染源（企业）之间通过买卖方式调整各自的排污量，达到减少污染物排放量与保护生态环境的目的（Streck et al.，2009）。排污权交易是以市场为基础的经济制度安排，为实行总量控制的有效手段。

美国国家环境保护局（Environmental Protection Agency，EPA）最早将排污权交易应用于大气污染源与河流污染源治理，此后英国、德国、澳大利亚等发达国家陆续将排污权交易应用于实践。我国自 20 世纪 90 年代为了控制酸雨引入了排污权交易制度。中国首例 SO_2 排污权交易在江苏省南通市顺利实施，此后陆续在浙江、江苏、北京、天津、上海、河北、内蒙古等地试点，取得了较好成效。国务院办公厅 2014 年印发的《国务院办公厅关于进一步推进排污权有偿使用和交易试点工作的指导意见》指出，要建立排污权有偿使用和交易制度，合理核定排污权，规范排污权出让方式，激活交易市场，加强交易管理。

排污权初始分配是在排污权交易制度框架体系内，政府或其主管部门主导下，按照已制定好的分配原则与方式，在给定的区域间或排污主体间进行主要污染物排放总量的分配的行为、过程。排污权初始分配是排污权交易中首先需要解决的关键问题（于术桐等，2009），是利益分配与资源配置、公平与效率的有机统一。流域初始排污权如何分配直接关系到各区域及其行业或企业的切身利益，涉及各地区的经济发展与环境容量资源的配置效率，因此，以流域水污染物排放总量控制为目标的流域初始排污权分配具有重要意义。

2）水权交易

水权交易是指水资源所有权归国家所有，水源地供水区与下游受水区构成交易的买卖双方，政府充当交易中介及监督者的角色，包括水资源价值补偿、水资源使用权转让补偿、水资源保护补偿与水源涵养补偿等。

水权交易可以提高水资源利用效率，促进水资源的优化配置，从而实现水资源的生态环境价值。我国已经在一些流域基本构建了水权交易制度，主要包括跨行业水权交易、上下游水权交易等形式，如浙江义乌—东阳的水权转让，甘肃张掖农民用水户的水票制度，绍兴—慈溪水权交易，北京密云水库水权交易和海河流域的永定河、福建的晋江、江西的鄱阳湖、广东的东江、甘肃的石羊河等初始水权分配试点（杨永生，2011）。

3）碳汇交易

碳汇交易指由卖方承担保证交付一定数量和质量的碳汇，买方支付费用用于转移碳汇所有权的方式（王蓓蓓，2010）。碳汇交易也可指发达国家或地区通过碳汇交易平台，支付费用向发展中国家或欠发达地区购买碳汇指标的行为，碳汇交易是一种非常重要的通过市场机制实现生态价值补偿的有效途径。我国政府向世界作出承诺，单位国内生产总值 CO_2 排放量在 2020 年要比 2005 年下降 40%～45%。为达到这一目标，我国政府可组织科研力量深入研究森林、绿地、湿地、粮食作物等的碳汇功能，加大碳汇测量、碳汇交易标准等基础性研究的支持力度，建立具有国际影响力的碳汇交易平台，生态系统服务获益的碳源区通过碳汇交易的方式补偿给提供生态系统服务的碳汇区，达到互惠互利的目的。碳汇交易以市场补偿为主，政府补贴为辅，是一种重要的生态补偿市场化途径。

我国区域生态补偿的研究还处于起步阶段，在补偿模式的探索方面还有许多不成熟与不完善之处。今后的研究中要不断探索多种非政府（即市场或社会）补偿方式，并结合各区域的实际情况探索出不同补偿模式的适用范围，为我国区域生态补偿的实践提供有益指导。在生态补偿中政府和市场都要发挥作用，要不断加强市场的作用，从而减轻政府的财政压力，更好地实现对生态保护地区或生态系统服务提供者的生态补偿。

2.4　小　　结

本章首先对生态补偿的概念、内涵等进行归纳总结，阐述区域生态补偿机制的概念及其实现途径；然后从区划、外部性、公共产品、生态系统服务价值、可持续发展与生态文明 6 个方面构建生态补偿的理论基础；最后对区域生态补偿的基本理论框架进行了构建，主要包括生态补偿的原则、主体、客体、标准及模式，使生态补偿理论、测算方法和实施途径形成相互衔接的有机整体。以上内容为生态补偿机制的建立提供理论支撑，为后面几章的实证研究构建了框架体系。

总而言之，区域生态补偿机制的实施有利于生态文明制度建设，区域生态补偿机制的核心问题是谁补偿给谁、补偿多少与如何补偿。在生态文明新视野下，区域生态补偿的理论如何发展和创新仍是当前面临的挑战。

第3章　区域生态补偿实践应用概论

从 20 世纪 90 年代开始，国内外学者就对生态补偿理论与实践进行了大量研究，研究内容主要包括生态补偿定义、生态补偿标准、生态补偿机制与政策、生态补偿途径和方式、生态补偿利益相关者及博弈、生态补偿效应与评估等。有关生态补偿研究的文献量增长迅速，如何从大量文献中快速准确找到生态补偿的研究基础与发展趋势是当前的研究热点（胡小飞等，2012）。

本章首先对 Web of Science 核心合集（1981～2017 年）与 CNKI（1981～2017 年）数据库中有关生态补偿的中英文文献发表情况进行统计与分析，反映生态补偿理论基础与实践发展历程（胡小飞等，2012）；其次对国内外区域生态补偿的实践案例进行比较分析；最后对国内生态补偿政策进行探讨与总结，为后面章节的研究奠定基础。

3.1　区域生态补偿文献计量分析

3.1.1　文献来源与检索方法

国外英文文献收集选择 Web of Science 核心合集平台下的 Social Science Citation Index（SSCI）、Science Citation Index Expanded（SCI-EXPANDED，简称 SCIE）。国内文献检索选择 CNKI（期刊子库）作为来源数据库。本次研究在 SCIE 与 SSCI 进行检索时（检索时间为 2017 年 8 月 5 日），检索途径选择 title。检索式为：标题=（environment* service* or ecosystem* service* or ecolog* service* or ecolog* benefit* or ecolog* efficien* or eco-compensation or ecologic* compensation*or watershed service*）AND 标题=（payment*or Compensation），论文发表年限选所有年，共检索出 457 篇文献。其中研究论文（Article）416 篇，综述（Review）20 篇，会议论文（Proceedings Paper）6 篇，编辑材料（Editorial Material）9 篇，信函（Letter）3 篇等，除去 2 篇纠错（Correction），共计 455 篇计入结果。在 CNKI 期刊子库进行检索时，论文发表年限为所有年，检索途径为题名，检索式为：（生态补偿 OR 生态效益补偿 OR 生态服务补偿 OR 生态环境补偿），共计检索出 1701 篇期刊文献。检索导出文献后先采用文献管理软件 Endnote、NoteExpress 与 Citespace 对检索结果进行初步分析。利用 Endnote 与 NoteExpress 对检中文献进行管理，利用

Citespace 可视化生态补偿关键词聚类与关键词共现图，以期再现生态补偿领域的研究前沿与热点。

3.1.2　文献数量与期刊来源

生态补偿概念在 20 世纪 90 年代末产生，但文献量较少，为便于比较分析，本章仅对 2000～2017 年"生态补偿"中英文文献的发文数量进行分析。2000～2005 年被 SCIE、SSCI 收录的"生态补偿"论文数量较少，2005 年开始表现出波动增长的趋势（图 3-1），2015 年达到最高峰，随后稍有下降。国内发文量 2000～2004 年较少，2005 年开始逐年增长，2010 年发文量 195 篇，达到最高峰，此后波动下降。中英文论文发表数据的总体变化趋势基本一致（图 3-1）。

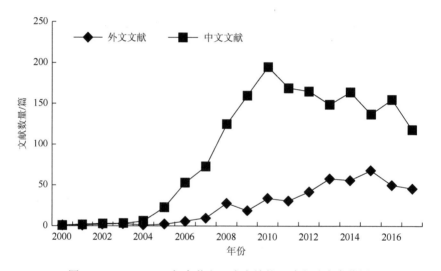

图 3-1　2000～2017 年中英文"生态补偿"论文动态变化图

对论文的发表期刊分布进行研究，可以了解该领域的核心期刊，为论文的撰写提供参考指南，为文献的收集管理提供依据（胡小飞和谢钰蓉，2009）。研究生态补偿的 455 篇英文文献与此 1701 篇中文文献符合布拉德福定律。*Ecological Economics* 期刊上发表的生态补偿研究论文数量最多，达到 56 篇（表 3-1），该刊物非常重视生态系统服务与生态补偿的研究论文发表，其办刊指导思想得到生态经济专家学者的认同。该刊物在生态与环境研究领域是二区期刊，在经济与环境研究领域是一区期刊，于 2008 年第 65 卷第 4 期，专辑出版"发达国家与发展中国家的生态补偿"，又于 2010 年第 6 期与第 11 期，分别专辑出版了"生态补偿：协调理论与实践"与"生态补偿：从区域到全球"，这些论文大多成为近 10 年来生态补偿研究领域高被引论文。此外，该期刊为 SCIE 与 SSCI 双收录期刊，其影响因子不断提升，2016 年达到 2.965，是生态补偿研究领域的核心期刊，是生态补偿研究者阅读与投稿的重要期刊。此外，期刊 *Ecosystem Services* 的发文量较多，该刊为 SCIE 收录，影响因子达 4.072，属于一区期刊。其他国外发文量多的期刊除 *Forest Policy and Economics* 外，影响因子均大于 2.8。

表 3-1　国内外生态补偿论文在各类期刊上的分布

序号	刊名	发文量	2016 年影响因子/刊物级别
1	*Ecological Economics*	56	2.965
2	*Ecosystem Services*	35	4.072（一区）
3	*Forest Policy and Economics*	14	1.982
4	*Land Use Policy*	14	3.089
5	*Conservation Biology*	12	4.842（一区）
6	*Ecology and Society*	12	2.842
7	生态经济	109	
8	环境保护	92	
9	中国人口·资源与环境	78	
10	资源科学	27	
11	自然资源学报	27	

国内刊物《生态经济》刊载的生态补偿论文最多，该刊的题名与发文量最多的英文期刊一样，发表论文侧重于生态环境保护与建设、生态经济等。《环境保护》期刊是环境保护部工作指导刊，发布国家环境保护的政策、法规与方针，宣传各地区与各部门环境保护的经验和做法，生态补偿作为环境保护的手段，自然受到该刊的宣传与重视。《中国人口·资源与环境》期刊刊载论文数排名第三，该刊物为 CSCD 与 CSSCI 双收录期刊，刊载可持续发展理论与实践最新研究成果。

3.1.3　高产作者与高产机构

英文期刊文献中美国的发文量居第一位（149 篇），其次是中国（67 篇），说明中国在经济快速发展的同时，越来越重视生态环境保护，中国经济总量居全球第二，在多领域英文论文发表数也居第二。中英文文献发文机构均以中国科学院发文量最多，说明中国科学院有关生态补偿的研究成果较多。此外，西班牙、澳大利亚、英国、瑞典在这方面也有一定的研究。

生态补偿外文发文量 7 篇以上的作者分别是：S. Wunder、E. Corbera、B. Leimona、J.G. Liu、S. Pagiola、U. Pascual、M. van Noordwijk。中文文献发文量 10 篇及以上的

作者为：蔡银莺（26 篇）＞李国平（20 篇）＞赵雪雁（17 篇）＞葛颜祥（16 篇）＞张安录（15 篇）＞丁四保（14 篇）＞靳乐山（12 篇）＞孔凡斌（11 篇）＞徐大伟（10 篇），这些作者为区域生态补偿的高产作者与领军人物。

中文文献以中国科学院地理科学与资源研究所最多，达 49 篇，其次是华中农业大学（43 篇），中国农业大学排名第三（37 篇）。另外，西安交通大学（33 篇）、北京林业大学（33 篇）、西北师范大学（30 篇）、兰州大学（30 篇）、河海大学（30 篇）也是区域生态补偿的高产机构。

英文文献以中国科学院大学发文最高，达 19 篇，密歇根州立大学、东安格利亚大学、瓦赫宁根大学、剑桥大学、世界银行、斯坦福大学等也是生态补偿的高产机构。

3.1.4　研究热点

关键词的出现频率可反映当前的研究热点。利用 Citespace 的关键词聚类功能，可以看出外文关键词出现频率大的为：ecosystem service、environmental service、biodiversity conservation、payment、climate-change、developing country、latin America、Costa rica、poverty、deforestation 等（图 3-2）。

图 3-2　生态补偿外文论文关键词聚类

中文关键词的出现频率大小为：生态补偿（946）＞生态补偿机制（145）＞
补偿标准（76）＞生态补偿标准（72）＞机制（62）＞流域（56）＞流域生态补
偿（47）＞补偿机制（37）＞生态环境（34）＞外部性（30）＞可持续发展（29）＞
支付意愿（25）＞矿产资源（24）＞补偿方式（23）＝生态足迹（23）。中文论文
关键词共现网络图展示了生态补偿机制研究的核心，即生态补偿标准、生态补偿
方式及生态补偿研究的重点领域：流域生态补偿、矿产资源补偿与自然保护区生
态补偿（图 3-3）。

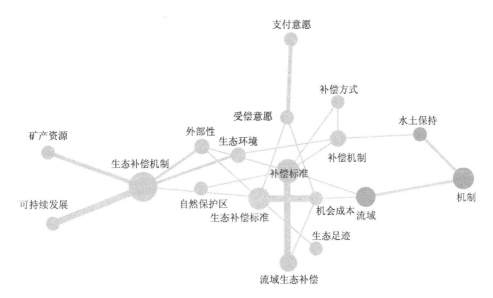

图 3-3　生态补偿中文论文关键词共现网络图

3.1.5　高被引论文

对检索出的生态补偿外文文献按被引用次数排序，可发现该领域的经典文献，
对经典文献进行重点阅读，可以较快地把握该领域的研究现状。通过 Web of Science
核心合集的统计功能可知有 20 篇高被引文献（highly-cited-papers）（图 3-4）。引用次
数最多的为 Engel 等于 2008 年发表在生态经济期刊上的一篇综述，该文综述了生
态补偿的概念、范围、生态补偿项目的主要尺度与设计特征，并比较了生态补偿
与其他政策工具，研究了生态补偿项目的效力与效率及分配含义，认为生态补偿
不是一个"银弹"，只可用于解决某些特定的环境问题，项目设计决定了生态补
偿的效力与效率（Engel et al.，2008）。此外，Wunder 于 2007 年研究了热带生物
保护的生态补偿效率，提出可以通过明确圈定基线、计算生物保护机会成本、个
性化补偿方法、具有可信的土地索赔与保护威胁的目标代理人等来提高生态补偿

项目的效率（Wunder，2007）。2008 年 Wunder 也在生态经济期刊上发表一篇综述论文，该文比较分析了发达国家与发展中国家生态补偿项目，分析了使用者付费与政府付费项目的不同，系统分析了生态补偿项目的经验，包括项目设计、成本、环境效率与其他产出方面（Wunder et al.，2008）。Pagiola（2008）对哥斯达黎加的 PSA 项目进行研究，得出大多数参与项目的贫困生态系统服务提供者的收入都有所增加，且贫困的生态系统服务提供者要比其他提供者（尤其是高收入者）的状况好一些的结论（图 3-4）。

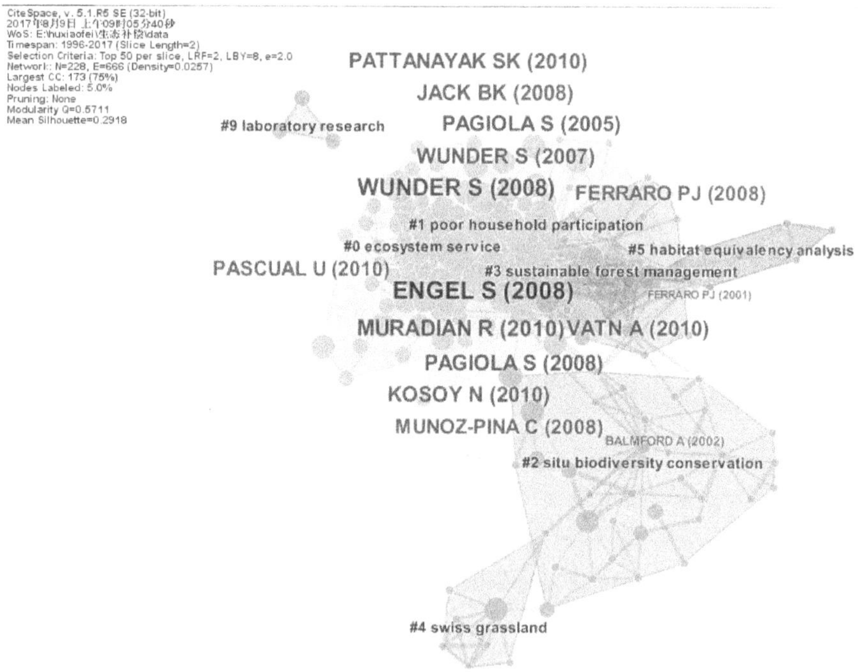

图 3-4　生态补偿文献共被引与聚类

　　Alix-Garcia 等（2012）调查了一个墨西哥联邦计划，补偿土地所有者的森林保护。Arriagada 等（2012）对哥斯达黎加农业水平进行评估，研究生态补偿是否影响森林覆盖率问题。Milne 和 Adams（2012）探讨了柬埔寨社区级 PES 的政治层面，在五个社区实施了避免毁林和生物多样性保护的合同，探讨社区层面 PES 模型本质上包括三个方面：社区作为单一的实体参与，能够进入 PES 合同；土地利用活动和利用资源的权利简化；合同自愿或反映社区选择的假设。Farley 和 Costanza（2010）总结了在哥斯达黎加举办的一个参与式"工作室"研讨会的结果，得出 PES 系统是有效管理基金服务资源作为公共产品的一个重要途径，而且这与传统的市场机构有着重大的背离的结论。Muradian（2013）批判性地讨论了生态补偿对生态系统服务的适用性以及它们面临的最重要挑战，虽然这些工具可以在改善环境治理方面发挥作用，但我们认为过度依赖支付作为双赢解决办法可能导致无效的结果。Bremer 等（2014）对厄瓜多尔 socioparamo 程序进行评价，研究哪些因素影响生态系统服务程序支付的参与，研究结果表明，在土地使用权保障的大背景下，社会资本进入、环境态度和替代生计策略的发展可能需要更多的关注，以实现农村农户和社区的参与。Wunder（2015）回顾了 PES 的概念，综述了现有的 PES 的定义，提出了一种改进的 PES 的定义。Galati 等（2016）首先评估了西西里葡萄园农业环境措施（agricultural environmental measures，AEM）提供的生态系统服务（ecosystem services，ES）中土壤碳库增加量，基于这些数据，根据平等主义标准评估了农业环境付款的效率，并模拟了实际条款准则采纳的影响。结果表明，采用平等主义标准会造成农业环境付款的不公平分配，这种情况可能会因实际提供的方案而得到缓解，通过采用农业环境做法，后者确实使土地使用者之间的财政资源分配效率更高，并为土地使用者提供更高的溢价，有助于增加土壤固碳。

此外，中国学者对生态补偿的概念框架（万军等，2005）、理论体系（毛显强等，2002；蔡邦成等，2005）、法律关系（杜群，2005）、科学问题（杨光梅等，2007）、生态补偿标准及确定方法（李晓光等，2009）、国内外研究现状（秦艳红和康慕谊，2007）、生态补偿机制与政策（王金南等，2006）进行了研究，为区域生态补偿机制的建立提供理论基础。值得注意的是 2005 年章锦河等发表的论文采用生态足迹方法用于确定生态补偿标准，并以九寨沟为例进行实证分析，该文是最早将生态足迹方法应用于生态补偿领域的，发表后被后来的研究者大量引用。

在区域生态补偿的实践探索上，有学者对具体区域如江西省、贵州省、山东省、甘肃省、安徽省、安徽大别山区、江苏省、京津冀、辽东山区、长株潭绿心昭山示范区等区域生态补偿机制进行了研究，并提出了相应的政策建议。郑海霞和张陆彪（2006）认为生态补偿的核心内容包括生态补偿的对象、原则、范围、标准、机制及立法等；王女杰等（2010）采用生态系统服务价值方法对山东省的区域生态补偿标准进行测算，并计算各市的补偿优先级；潘竟虎（2014）对甘肃省区域生态补偿标准进行测度；胡小飞（2015）构建基于水足迹、碳足迹的区域生态补偿标准量化模型，并对江西省进行了实证研究；胡淑恒（2015）测算了安徽大别山区的生态足迹和生态承载力，基于生态足迹和生态系统服务价值量化大别山区的生态补偿标准，并对重点领域如自然保护区、森林、流域、矿产资源、旅游资源的生态补偿主客体、补偿途径与方法等进行研究，最后基于层次分析法对生态补偿的绩效进行评估；孔德帅（2017）对贵州省生态补偿机制的实践进展、补偿空间选择、生态补偿考核激励等重要问题进行了研究，并对社会资本参与区域生态补偿机制的政府与私人企业合作模式进行了探讨。

3.2　国外区域生态补偿的实践与经验

3.2.1　国外区域生态补偿实践研究

近年来国外也非常关注区域生态补偿的研究，其研究内容主要体现在生态补偿利益相关者、生态补偿方式、生态补偿标准、生态补偿效率等方面。

1. 生态补偿利益相关者

生态补偿利益相关者包括生态系统服务提供者、生态系统服务购买者及与此相关的个人和组织，也就是生态补偿的主体与客体。Engel 等（2008）认为，生态补偿项目应该支付给成本最低的生态系统服务提供者。在生态系统服务提供者提供的自然资源产权明晰时，自然资源所有者是最佳补偿对象，但参与者较多时会使交易成本增加。在生态补偿各项制度约束能力有限时，与居民个人签订合约操作简单，管理成本低，对居民个人最有利，但不利于宣传生态环境保护。因此，国外有些生态补偿项目同时对个人和集体进行补偿，对社区或集体提供非现金补偿，对个人或家庭根据贡献大小提供现金补偿，生态系统服务购买者可能是生态系统服务受益者也可能是政府。生态系统服务受益者付费比政府付费效率更高，但大多国家的大多生态补偿项目都是政府付费补偿。

2. 生态补偿方式

国外生态补偿的实践支付方式既有现金补偿也有非现金补偿，非现金补偿主要包括为生态系统服务提供方建设道路交通、电力、水利及电信等基础设施，实行技术援助，提供教育培训与生计服务等。生态系统服务提供者具有不同的补偿需求，可采取不同的补偿方式。直接现金补偿是最优的激励方式，但当补偿数额较小时，其他间接的、非现金的补偿方式对生态系统服务提供者产生的激励作用更明显（Asquith et al. 2008）。Roumasset 和 Wada（2013）就流域保护与地下水管理研究了与生态系统服务相连的生态补偿定价与财政的动态方法；森林趋势组织将支付或交易的类型分为公共支付、私人交易、限额贸易计划、产品或企业生态标志。

3. 生态补偿标准

生态补偿的标准也是国外生态补偿研究的核心内容。国外有学者认为根据提供生态系统服务的实际机会成本来确定生态标准最准确，也有学者认为生态补偿标准要小于生态系统服务使用者从服务中的获益但要大于生态系统服务提供者提供生态系统服务的机会成本。因此，量化生态补偿标准的关键是如何评估生态系统服务提供的机会成本与生态系统服务价值。对于如何评估生态系统服务提供的机会成本，国外的研究较为关注信息不对称和异质性问题（Ferraro，2008）。由于生态系统服务提供者在机会成本方面比生态系统服务购买者拥有信息优势，存在隐瞒信息获取信息租的激励动机，导致生态补偿标准偏高。生态系统服务提供者的家庭规模大小、谋生手段及所在社区的经济状况、地理位置与人口特征等都可能导致机会成本异质。为此，有学者强调生态补偿的可操作性，认为应该根据经济发展水平和生态系统服务提供者的谋生手段来确定生态补偿标准。Kosoy 等（2007）提出可通过计算放弃非农活动的净收益、提供者愿意接受的公平价格及对土地出租金的期望值这三个代理变量来估算机会成本。观察生态系统服务提供者与其机会成本相关的态度信息来建立合约价格在技术上较为简单，但增加了信息收集成本。生态系统服务提供者较多时，利用激励相容等理论建立筛选合约技术难度较高。国外生态补偿实践较多采用对提供者实行差别补偿、半差别补偿与无差别补偿三种补偿手段，差别补偿常用于生态系统服务提供者数量不多的、由"使用者付费"的生态补偿项目，半差别补偿（主要考虑贡献大小）常用于政府付费的生态补偿项目。

在生态系统服务价值评估的研究方面：Loomis 等（2000）利用条件价值法（CVM）研究了美国中部普拉特河流域 5 项生态系统服务的总经济价值，并分析了被调查者的社会经济变量与支付意愿（willingness to pay，WTP）相关关系。Lewan 和 Söderqvist（2002）评价了瑞典斯堪尼流域野生动植物保护、降水、植物碳氮固定等生态系统服务功能；Swallow 等（2009）运用 MEA 生态系统服务分类方法对肯尼亚 Yala 与 Nyando 流域能源、畜牧、建筑材料、产沙等生态系统服务功能进行了评价；Krantzberg 和 de Boer（2008）评价了五大湖流域 Laurentian 生态系统服务的经济价值及其对加拿大安大略人们身体健康价值及经济发展的影响，研究结果认为五大湖的经济发展依赖于水质与水量；Little 和 Lara（2010）的研究认为智利中南森林流域生态恢复中随着生态系统服务增加水量也增加，要通过跨学科方法来提高生态系统服务的科学基础与对外项目。Petz 等（2012）研究了匈牙利和罗马尼亚提萨河流域生态系统服务现在与将来的供给管理，评价提萨河流域洪水区匈牙利和罗马尼亚段政策措施中如何体现生态系统服务，以及当地人们对生态系统服务的认识和极端天气对生态系统服务的影响。生态系统服务功能评估的 InVEST 模型被广泛应用于加纳、科特迪瓦、美国夏威夷和加利福尼亚州（Goldstein et al.，2012）、坦桑尼亚等多个区域的生态系统服务功能评估与模拟分析。如 Nelson 等（2009）以美国俄勒冈 Willamette 为研究区域，应用 InVEST 方法情景分析三种土地利用与覆被变化，预测生态系统服务、生物多样性与产品产量的未来变化与权衡关系。

国外确定生态补偿标准的另一种确定方法是支付意愿和受偿意愿（willingness to accept，WTA），该方法量化的是生态系统服务交易双方支付补偿和接受补偿的意愿，并未反映生态系统服务的价值。为此，尼加拉瓜林牧业生态补偿计划发展了一种指数评估法，即基于土地的 28 种不同用途构建生物多样化保护和碳汇指数，合成"生态系统服务指数"，根据生态系统服务指数四年期的净增值对土地所有者进行补偿支付（袁伟彦和周小柯，2014）。

4. 生态补偿效率

目前，全球各国已开展许多生态补偿实践项目。大多数国家由政府提供生态补偿资金，但其提供的资金是有限的，即有预算约束。国外生态补偿政策制定者与学者开始关注实施生态补偿的过程中是否实现了成本最低，满足了效率要求，并且关注如何在预算约束下拿出更有效的生态补偿方案（即生态补偿资金的有效配置）。

Birner 和 Wittmer（2004）认为可从产出成本效率、决策成本效率和执行成本效率来考察生态补偿过程的成本有效性；Watzold 和 Schwerdtner（2005）认为决策成本和其他成本之间存在一个权衡，如产出成本的高效率可能会导致决策成本的低效率；Ferraro（2008）认为对土地所有者给定所需的预算资金进行生态补偿时，预算效率能达到最大生态保护产出，无论政府、非政府组织（Non-Governmental Organizations，NGO）还是私人投资者都关注预算效率。将生态补偿资金预算效率与生态补偿的成本有效性结合是较为全面的生态补偿效率衡量方式。

由于生态补偿项目的实施一般有较长的周期，因此生态补偿效率测度时会考虑其时空维度，并且实行生态补偿区域的生态补偿资金是预先计算好的，生态补偿效率测度在预算约束的条件下进行。Drecheler 等（2007）建立了一个具有 N 个子区域的区域模型，研究在单一濒危物种的保护过程中预算规模、成本函数和效益函数对生态补偿资金有效空间分配的影响；Johst 等（2002）提出一套生态经济模拟程序，对生物多样性保护的生态补偿方案进行了设计，设计时考虑生态补偿的时间维和空间维，解决了生态补偿资金的复杂分配问题；基于 Johst 等提出的模型，Ulbrich 等（2008）编制了一个可在计算机上独立运行的软件程序，该程序可直接选择最优生态补偿分配模式，可输出包括生态补偿资金空间分布的图形（图表）及在区域可行预算下针对某个生态保护物种的能实现的生态保护效果。

生态补偿基线是一种直观的生态补偿效率测度方法。Wunder（2005）基于森林系统构建了三种生态补偿基线，即静态基线、动态下降基线和动态改进基线。按照其提出的划分标准，基于《联合国气候变化框架公约》清洁发展机制项目采用静态生态补偿基线；对于不断砍伐热带森林的国家或地区，评价 PES 项目效率时采用动态下降的生态补偿基线；对于处于"森林前期转变"过程的国家或地区，采用的是动态改进的生态补偿基线。

3.2.2　国外生态补偿实践案例分析

20 世纪 80 年代以来，国外许多国家和地区进行了大量的生态补偿实践，其实践领域主要涉及农业环境保护、植树造林、流域水环境管理、自然生境保护与恢复、碳循环、景观保护等（Roumasset and Wada，2013）。大多数出版物都提到一般发展中国家或亚洲、拉丁美洲或欧洲，特别是非洲。公开发表的论文中大约有三分之一重点研究拉丁美洲，其中研究哥斯达黎加和墨西哥政府生态补偿项目，以及哥斯达黎加、尼加拉瓜和哥伦比亚 RISEMP 项目（区域综合林草牧复合生态系统管理计划）占所有研究拉丁美洲文章的三分之二。另外，生态补偿发表论文中大约有 15%的论文明确提及欧盟、美国或澳大利亚，大部分是有关农业环境计划的报告。

Pagiola 等（2002）对美国湿地补偿、厄瓜多尔基多水基金、印度 Sukhomajri 流域管理效益、哥斯达黎加的水生态系统服务补偿及加拿大不列颠哥伦比亚森林碳市场等进行了研究报道。Pagiola 等（2005）对生态补偿可能影响贫穷的几种方式进行了探讨，认为生态补偿主要通过各种方式补偿上游穷的自然资源保护者达到减少贫困的目的，影响程度主要取决于补偿额度的大小、穷人参与能力与生态补偿参加者是否确实穷等。Kosoy 等（2007）对中美洲流域三个案例（洪都拉斯、哥斯达黎加、尼加拉瓜）的生态系统服务付费进行了研究，发现居民的机会成本一般大于实际的生态补偿量，热带流域中弱势群体主要集中在流域的上游，为流域下游提供了良好的生态环境与社会经济条件，其机会成本高于目前 PES 项目的支付额，应对上游土地所有者补偿高于土地利用机会成本的补偿额度才能保证补偿的有效性。Munoz-Pina 等（2008）对墨西哥水文生态补偿项目的政策设计过程进行了研究，研究内容包括主要利益相关者、补偿主体、补偿标准、补偿经费来源及分配、运行规程等，对项目的评价结果表明，项目补偿的大多地区有较低的森林采伐风险，需要根据项目的进展情况不断调整补偿标准。Schomers 和 Matzdorf（2013）研究了拉丁美洲尼加拉瓜、哥斯达黎加与哥伦比亚的 RISEMP 计划（区域综合林草牧复合生态系统管理计划），也对印度尼西亚、菲律宾和尼泊尔的 RUPES 计划（高山贫困居民环保服务奖励计划）进行了研究。

国外如美国、德国、法国、英国、玻利维亚、巴西、哥伦比亚、哥斯达黎加、厄瓜多尔、危地马拉、尼加拉瓜、墨西哥等国家在生态补偿领域进行了大量实践，积累了丰富的经验，这些案例主要涉及流域水生态补偿与生物多样性保护补偿等领域。部分国家已实施的生态补偿项目特点总结如表 3-2 所示。从表 3-3 可知，国外生态补偿项目的目标、出售者、购买者与采取的行动各有特色。

国外生态补偿涉及的主要利益相关者包括（表 3-3）：土地所有者和农民是重要的服务提供者（88.4%）；水电公司（28.1%）和家庭用水户（27.4%）是主要的服务购买者；大多数项目至少涉及一个中介机构（81.6%），非政府组织是主要的中介机构（23.3%）（Martin-Ortega et al.，2013）。

表 3-2　拉丁美洲生态补偿项目特点总结

国家	地点	尺度	开始年份	目标	出售者	行动	购买者
玻利维亚	洛斯内格罗斯	地区	2003	提取水供应（数量）	土地所有者	森林保护	当地的外部捐助者、当地非政府组织，市
玻利维亚	拉阿瓜达	地区	1993	提取水供应（质量和数量）	土地所有者，农民	农业实践变化	水用户，当地非政府组织
玻利维亚	科马拉帕	地区	2007	提取水供应（质量和数量）	土地所有者	森林保护、农业实践变化	生活用水的用户，当地非政府组织
玻利维亚	迈拉纳	地区	2007	提取水供应（质量和数量）	土地所有者	农业的变化实践	生活用水的用户，当地非政府组织
巴西	米纳斯吉拉斯	地区	2007	提取水供应（质量和数量）碳储存	农民	森林保护、重新造林	市
巴西	亚马逊	地区	2004	提取水供应、溪流供水（质量，数量）、减灾	农村生产者	流域保护	水用户和当地外部捐助者
巴西	牙买加石油公司	地区	1999	提取水供应（质量）损伤减轻	土地所有者	流域保护	水的效用
巴西	圣保罗	地区	2006	提取水供应（质量和数量）	土地所有者	森林保护	国际非政府组织
哥伦比亚	富克内	地区	2006	溪流供水损伤减轻	农民	农业的变化实践	国际非政府组织
哥伦比亚	佛得角	国家	1999	溪流供水	土地所有者	重新造林、农业的变化实践	农民，政府
哥伦比亚	昆卡	地区	n.a.	提取水供应（质量和数量）	土地所有者	森林保护、重新造林	水用户，政府，外部捐助者
哥伦比亚	考卡河	地区	n.a.	提取水供应（质量和数量）	土地所有者	n.a.	水用户

续表

国家	地点	尺度	开始年份	目标	出售者	行动	购买者
哥斯达黎加	唐佩德罗圣费尔南多	地区-国家	1997	溪流供水、减灾	土地所有者	森林保护、植树造林	水力发电厂
哥斯达黎加	普拉塔纳	地区-国家	1999	溪流供水、减灾	土地所有者	植树造林	水力发电厂
哥斯达黎加	普拉塔纳（独立）	地区	2000	溪流供水、减灾	土地所有者	植树造林	水力发电厂
哥斯达黎加	蒙特韦尔德	地区	1998	溪流供水、减灾	当地的非政府组织	森林保护、植树造林、森林管理	水力发电厂
哥斯达黎加	埃雷迪亚	地区	2000	提取水供应（质量）	土地所有者	森林保护、植树造林、森林管理	生活用水的用户
哥斯达黎加	里约塞贡多	地区-国家	2002	提取水供应	农民	森林保护、植树造林	国内和其他商业用户
哥斯达黎加	里约阿瓜胡埃斯	地区-国家	2000	所有的服务、溪流供水（质量和数量）	土地所有者	森林保护、植树造林、森林管理	水力发电厂
哥斯达黎加	里约戈古纳乡斯特	地区-国家	2000	所有的服务、溪流供水（质量和数量）	土地所有者	森林保护、植树造林、森林管理	水力发电厂
哥斯达黎加	不详	国家	1997	所有的服务	土地所有者	森林保护、植树造林、森林管理	少数水力发电厂、商用水的用户、生活与娱乐
厄瓜多尔	赛利卡	地区	2006	提取水供应	土地所有者	不详	生活用水的用户
厄瓜多尔	埃尔查科	地区	2004	提取水供应	土地所有者	森林保护、植树造林	生活用水的用户
厄瓜多尔	昆卡	地区	1984	提取水供应（质量和数量）、溪流供水	农民、公园管理	不详	水力发电厂、生活用水的用户
厄瓜多尔	基多	地区	2000	溪流供水、提取水供应（质量和数量）、文化	农民	各种	水力发电厂、水利事业、娱乐、商业用水
厄瓜多尔	皮姆马皮罗	地区	2000	提取水供应（质量和数量）	土地所有者	森林管理	生活用水的用户
厄瓜多尔	佩德罗蒙卡约	地区	1998	提取水供应（数量）、减灾	公共、私人和合作的地主	森林管理	水利事业、农民

续表

国家	地点	尺度	开始年份	目标	出售者	行动	购买者
萨尔瓦多	湖科阿特佩克	国家	2005	提取水供应（质量）、溪流供水、文化	公共、私人和合作的地主	改变农业实践	家庭用水者、娱乐公司、渔民
危地马拉	拉斯埃斯科科瓦斯（山）圣吉尔	地区	2001	提取水供应、溪流供水、减灾	国家的非政府组织	森林管理、流域保护	家庭用水户、水力发电厂
墨西哥	不详	国家	2003		公共、私人和合作的地主	森林保护、植树造林	政府
墨西哥	科特佩	地区-国家	n.a.	提取水供应	农民	森林保护、植树造林	生活和商业用水用户、政府
墨西哥	科特佩	地区	2002	提取水供应	农民	森林保护、植树造林	生活和其他商业用水用户
墨西哥	不详	地区	2003	提取水供应（数量）	土地所有者	森林保护	水用户
尼加拉瓜	拉贾迪奥	地区	2000	提取水供应	不详	森林保护	不详
尼加拉瓜	圣佩德罗的北	地区	2003	提取水供应（数量和质量）	土地所有者	改变农业实践	生活用水的用户

资源来源：Martin-Ortega 等，2013。

表 3-3　研究拉丁美洲水生态补偿项目的关键信息

关键词	信息总结
情境	厄瓜多尔 (6)，巴西 (6) 与哥斯达黎加 (10) 有大量的水生态补偿项目，绝大多数 (73.3%) 的水生态补偿项目在本地进行，一些计划遵循了国家和地方的规则 (18.4%)。缺乏关于导致生态系统服务损失的威胁类型信息。各种威胁通常同时存在 (56.5%的报告案例)，而森林砍伐是对水资源的最大威胁 (报告案例的 77.3%)
服务和操作	绝大多数 (72.9%) 交易包括一组服务，其中约一半 (48.7%) 不仅包含与水有关的服务，还包括如碳封存的服务。改善提供水供应是现有水生态补偿交易中最常见的服务 (88.7%)。支付是有条件的，交易通常包括多个措施 (89%)，森林保护 (60%)、再造林 (54.3%) 和森林管理 (25.7%) 是水生态补偿项目的主要措施
利益相关者	土地所有者和农民是重要的服务提供者 (88.4%)，水电公司 (28.1%) 和家庭用水户 (27.4%) 是主要的服务购买者。大多数项目至少涉及一个中介机构 (81.6%)，非政府组织是主要的中介机构 (23.3%)
准备和实现过程	大多数项目有多个发起人 (64.8%)，通常是国家/地方政府组织 (57.9%)。支付水平主要集中在自上而下的决策 (76.9%)，而不是通过直接的买卖双方的谈判 (14.2%)。支付意愿和机会成本的估计非常缺乏
支付	大约一半 (48.5%) 的交易采用差异化价格，主要是基于土地特征的交易类型。四分之三的合同包括定期付款 (相对一次性付款)，绝大多数 (93.4%) 的支付涉及现金收入 (买方) 也是最常见的 (76.5%)，但实物收入也很重要 (23.6%)。30%的交易没有报道买家付款的货币信息，使得信息比较困难。买家收入以每年每公顷货币单位来计量
合同期限和格式	合同的平均期限 29.3 年，但在文献中却缺少相关信息。合同的中位数是千公顷，但是，很多 (59.4%) 的研究没有报道这个数字。PES 计划平均每两年就会看到一个关于合同领域或新买家和卖家进入区域的变化

资源来源：Martin-Ortega 等，2013。

3.3　国内区域生态补偿的实践与探索

3.3.1　国内区域生态补偿实践

国内学者从 20 世纪 90 年代开始学习借鉴国外的相关研究成果对中国区域生态补偿政策与实践进行研究，并逐渐由概念探讨阶段到理论与政策研究阶段，再到量化研究阶段，区域生态补偿仍是当前的研究热点。

1. 区域生态补偿标准

国内学者对区域生态补偿进行了实证研究。如刘青（2007）及刘青和胡振鹏（2007）计算得出江西省东江源区生态系统服务功能价值每年约 81 亿元，单位面积生态系统服务价值远高于世界和我国平均水平，该价值可以作为生态补偿的上限；金波（2010）基于区域生态足迹计算方法，分析了中国各区域生态盈余或赤字，量化了各区域生态补偿额度；金艳（2009）基于生态系统服务价值法，计算了仙居县、浙江省和中国的生态资产价值，并结合 GDP 与人口等经济社会统计数据，建立区域生态补偿量化模型，分析各县、各省的生态补偿空间分布格局；潘竟虎（2014）基于遥感数据从生态区、生态市、生态县三个空间尺度对甘肃省 2011 年的生态补偿额度及空间差异进行了分析；刘春腊等（2014）基于生态服务价值当量表，对中国各省域生态补偿额度进行了计算与研究。

通过以上案例可知，目前生态补偿标准确定方法主要有基于生态系统服务价值评估法、保护成本法、支付意愿和受偿意愿法等。重要区域或流域补偿标准计算方法如表 3-4 所示。对于能够市场化的区域要将其生态系统服务转化为经济效益，政府可以少介入或不介入，政府可加强对纯公共物品的补偿力度，合理地运用政府间转移支付。

表 3-4　重要区域或流域生态补偿标准及计算公式

区域	补偿标准	具体实施
三江源	该县需求量÷当年需求总量×当年实际安排补偿转移支付资金总量	某县生态补偿转移支付补助额=该县生态补偿资金需求量÷当年三江源生态补偿资金需求总量×当年省财政实际安排的三江源生态补偿转移支付资金总量
广东东江源	某县基础性补偿额=[(某县基本财力保障需求×类别系数×调整系数)/∑(县级基本财力保障需求×类别系数×调整系数)]×(省生态保护补偿资金分配总额×50%)	激励性补偿额={[基础性补偿×(某县生态考核指标综合增长率)]/∑[基础性补偿×(县级生态考核指标综合增长率)]}×(省生态保护补偿资金分配总额×50%)
新安江	由中央和浙江省、安徽省共同出资设立新安江流域水环境补偿基金。每年中央政府出资 3 亿元，浙江、安徽各出 1 亿元	$$P = K_0 \times \sum_{i=1}^{4} K_i \frac{C_i}{C_{io}}$$ 式中，P 为街口断面的补偿指数；K_0 为水质稳定系数，这里取 0.85；K_i 为指标权重系数，按四项指标平均值，取值 0.25；C_i 为某项指标的年度浓度值；C_{io} 为某项指标的基本限值。若 $P \leqslant 1$，浙江省支付 1 亿元给安徽省，若 $P > 1$，安徽省支付 1 亿元给浙江省

2. 生态补偿效率

国内除了对生态补偿标准进行量化研究外，对实施了的一些生态补偿项目是否取得预期效果的研究也是当前的一个重要方向，是影响生态补偿项目可持续性的关键。生态补偿效率的相关研究主要集中于退耕还林、天然林保护工程、退牧还草与生态移民等项目实行后其成本有效性如何，生态补偿对农户生计（主要包括生计方式与生计资本）的影响。生态补偿的效率评价随着生态补偿项目的实践实施从定性分析转向定量研究，从宏观层面研究转为微观层面研究。农户是生态补偿政策的最核心利益相关者，农户对生态补偿效率的评价、认知与参与意愿直接影响着生态补偿项目的可持续性与实施效果。徐大伟和李斌（2015）以辽东山区生态补偿项目为实践案例，运用熵值法对 27 县综合生态补偿绩效进行比较，发现绩效好的县都是政策影响县，通过对生态补偿政策组、非生态补偿政策组与按行政区划分的生态补偿绩效比较分析发现补偿政策与行政归属对生态补偿绩效具有显著影响。

3.3.2　国家生态补偿政策探索

中国经济 30 多年来的快速发展，付出了巨大的资源环境代价。资源环境问题已成为制约国民经济发展的瓶颈。环境问题已成为公众关注的焦点，中央到各级地方政府都投入生态建设热潮中。但在实践中，各时空尺度生态系统服务供应者和消费者之间的权责利的不协调，使我国的生态保护面临很大困难，影响了地区之间以及利益相关者之间的和谐。为此，必须建立生态补偿机制，以调整各利益相关方的分配关系，促进地区间的公平性和社会的协调发展。

我国环境保护部门先后出台有关生态补偿的政策。2005 年颁布的《国务院关于落实科学发展观加强环境保护的决定》、2006 年颁布的《中华人民共和国国民经济和社会发展第十一个五年规划纲要》等文件都明确提出，要尽快建立生态补偿机制。2007 年，国家环境保护总局印发《关于开展生态补偿试点工作的指导意见》，该意见明确开展生态补偿试点工作的指导思想、原则，目标是通过试点工作，研究建立自然保护区、重要生态功能区、矿产资源开发和流域水环境保护等重点领域生态补偿标准体系，落实补偿各利益相关方责任，探索多样化的生态补偿方法、模式，建立试点区域生态环境共建共享的长效机制（国家环境保护总局，2007）。在该意见的指导下，生态保护补偿机制建设取得了阶段性进展，但仍存在生态保护补偿的范围偏小、标准偏低，保护者和受益者良性互动的体制机制尚不完善等问题。为进一步健全生态保护补偿机制，加快推进生态文明建设，2016 年，国务院办公厅印发《关于健全生态保护补偿机制的意见》，该意见提出到 2020 年要实现森林、草原、湿地、荒漠、海洋、水流、耕地等重点领域和禁止开发区域、重点生态功能区等重要区域生态保护补偿全覆盖，补偿水平与经济社会发展状况相适应，跨地区、跨流域补偿试点示范取得明显进展，多元化补偿机制初步建立，基本建立符合我国国情的生态保护补偿制度体系，促进形成绿色生产方式和生活方式（国务院办公厅，2016）。同年，财政部等部门发布关于《关于加快建立流域上下游横向生态保护补偿机制的指导意见》，明确指出流域上下游地区应当根据流域生态环境现状、保护治理成本投入、水质改善的收益、下游支付能力、下泄水量保障等因素，综合确定补偿标准。2017 年国家发展和改革委员会出台《关于全面深化价格机制改革的意见》，要求各级价格主管部门"完善生态补偿价格和收费机制"，要按照"受益者付费、保护者得到合理补偿"原则来设计生态补偿价格和收费机制。完善涉及水土保持、渔业资源增殖保护、草原植被、海洋倾倒等资源环境有偿使用收费政策。积极推动可再生能源绿色证书、排污权、碳排放权、用能权、水权等市场交易，更好发挥市场价格对生态保护和资源节约的引导作用。

在这些国家政策背景下，我国学术界开展了相关的研究工作，中央和地方政府也积极试验示范，探索在重点领域开展生态补偿的途径和措施。但在我国要健全生态补偿机制，仍是一个理论方法还未成熟，地方实践仍需探索的问题。

3.3.3　中部地区生态补偿机制探索

随着国家大规模生态建设和大型水利工程在中部地区的实施、中央森林生态效益补偿基金制度和重点生态功能区转移支付制度的建立，以及对国家级自然保护区、风景名胜区等进行经济补助的开展，中部地区已经形成了基本的生态补偿框架，在流域、森林、湿地、矿产资源、生态功能区等领域建立了一系列相关的生态补偿制度（表 3-5），其内容主要涉及生态补偿的原则、标准、措施和管理等，取得了积极进展和初步成效。

表 3-5　中部地区实施的生态补偿政策

省份	标题	发布机关	发布年份
山西省	关于印发《山西省生态环境补偿条例》工作方案的通知	山西省环境保护厅	2012
	关于实行地表水跨界断面水质考核生态补偿机制的通知	山西省人民政府	2009
	关于印发《山西省森林生态效益补偿基金项目管理办法》的通知	山西省林业厅	2008
	山西省煤炭可持续发展基金征收管理办法	山西省人民政府	2007
	山西省煤炭工业可持续发展政策措施试点工作总体实施方案的通知	山西省人民政府	2007
	关于同意在山西省开展煤炭工业可持续发展政策措施试点意见的批复	国务院	2006

续表

省份	标题	发布机关	发布年份
安徽省	关于健全生态保护补偿机制的实施意见	安徽省人民政府	2016
	关于印发《安徽省大别山区水环境生态补偿资金管理办法》的通知	安徽省财政厅，安徽省环境保护厅	2015
	安徽省矿山地质环境治理恢复保证金管理办法	安徽省人民政府	2007
江西省	江西省生态公益林补偿资金管理办法	江西省财政厅，江西省林业厅	2007
	江西省矿山环境治理和生态恢复保证金管理暂行办法	江西省财政厅，国土资源厅和环境保护厅	2009
河南省	关于印发《河南省城市环境空气质量生态补偿暂行办法》的通知	河南省人民政府	2016
	关于进一步完善河南省水环境生态补偿暂行办法的通知	河南省人民政府	2014
	河南省矿山环境治理恢复保证金管理（暂行）办法	河南省人民政府	2007
	关于印发《河南省森林生态效益补偿基金管理办法》的通知	河南省财政厅，河南省林业厅	2007
湖北省	关于印发《武汉市湿地自然保护区生态补偿暂行办法》的通知	武汉市人民政府	2013
	关于印发《湖北省森林生态效益补偿基金管理办法（暂行）》的通知	湖北省财政厅，湖北省林业局	2005
	湖北省矿山地质环境恢复治理备用金管理办法	湖北省人民政府	2007
湖南省	关于印发《湖南省财政森林生态效益补偿基金管理实施细则》的通知	湖南省财政厅，湖南省林业厅	2007
	湖南省矿山地质环境治理备用金管理暂行办法	湖南省人民政府	2004

1. 流域生态补偿机制

山西省海河、黄河流域面积占全省总面积的 99% 以上，水资源极缺，生态环境相对脆弱。2009 年山西省人民政府颁布实施了《关于实行地表水跨界断面水质考核生态补偿机制的通知》；2011 年，山西省财政厅与环境保护厅联合下发了《关于完善地表水跨界断面水质考核生态补偿机制的通知》，对生态补偿监测要求、考核指标等进行了完善。并且山西省环境保护厅起草了《跨界断面水质考核生态补偿金使用办法》，以提高生态补偿资金使用效率。

安徽省省辖淮河、巢湖、长江三大流域，淮河流域占全省面积的 47.99%。2008 年安徽省颁布了《安徽省新安江流域生态环境补偿资金管理（暂行）办法》，规范了生态补偿资金来源、使用范围及监督管理；2012 年，安徽省与浙江省开展全国首例跨流域生态补偿机制，明确两省对新安江上下游保护的相关责任与义务。

赣江、抚河、信江、饶河、修河是江西省五大河流（简称"五河"），全部汇入鄱阳湖流入长江；东江则是粤港的重要水源地。为保护好鄱阳湖"一湖清水"、维护粤港用水安全，2008 年，江西省制定了《关于加强"五河一湖"及东江源头环境保护的若干意见》，在"五河"及东江源头设立了保护区；江西省财政每年安排专项资金对其采用以奖代补方式进行生态补偿。2012 年，江西进行了袁河流域水资源生态补偿试点，这是江西省首个跨设区市流域水资源生态补偿制度。2015 年江西省人民政府印发《江西省流域生态补偿办法（试行）》的通知。江西省在全国率先建立全境全流域的生态补偿机制，2017 年江西省正式出台《关于健全生态保护补偿机制的实施意见》，该意见提出水流生态补偿的重点是在重要水功能区全面开展生态补偿，开展集中式饮用水水源地生态补偿与跨区域饮用水水源地生态补偿。同年，抚州市出台了《抚州市水资源生态补偿实施办法（试行）》。

河南省省辖长江、淮河、黄河、海河四大流域，但水资源匮乏导致流域污染较严重。2009 年，河南省出台了《河南省沙颍河流域水环境生态补偿暂行办法》与《河南省海河流域水环境生态补偿实施办法》，提出通过断面水质考核与生态补偿金扣缴的方法减少两河流域的污染物排放。2010 年《河南省水环境生态补偿暂行办法》颁布，逐步在全省范围内建立起水环境生态补偿机制。2013 年河南省人大常委会通过《河南省减少污染物排放条例》，将排污权有偿使用和交易、生态补偿正式写入地方条例，形成了法律效力。

湖北省河流、湖泊、湿地较多，成为湖北省的竞争优势。湖北省非常重视水生态环境保护工作，将江河湖泊保护提升到生态文明建设的高度。2009 年，湖北省制定了《湖北省流域环境保护生态补偿办法（试行）》，该办法明确生态补偿金额为：月断面水量×补偿标准×（断面水质指标值–断面水质目标值）。湖北省对三峡库区、丹江口库区实施最严格的环保措施，探索建立水权交易市场与水生态补偿机制，并进行水权交易试点工作。

湖南省目前主要在东江湖、湘江流域和洞庭湖区域开展了流域生态补偿相关工作。针对水污染问题，2012 年制定了《长沙市境内河流生态补偿办法（试行）》，按当月断面水量×补偿标准×（断面水质监测指标值–断面水质达标值）×系数测定生态补偿额度。2013 年施行《湖南省湘江保护条例》，建立健全了湘江流域上下游水体行政区域交界断面水质交接责任和补偿机制。同年东江湖被纳入国家重点流域和水资源生态补偿试点，但国家与湖南省均未出台具体的补偿试点政策，未建立生态补偿试点机制。2014 年出台湖南省《湘江流域生态补偿（水质水量奖罚）暂行办法》，该办法借鉴新安江生态补偿试点模式，采用生态补偿金扣缴方式在上下游间进行奖惩，奖励资金主要用于湘江流域饮用水水源地保护、水污染防治、城镇垃圾污水处理设施建设等生态环境保护支出。2016 年湖南省财政厅开展了洞庭湖水环境生态补偿的相关研究。湖北省开展以"两江"（长江、汉江）、"两库"（三峡库区、丹江口库区）、"三湖"（大东湖、梁子湖、四湖流域）等水域为重点的水生态环境建设工程与汉江流域综合开发工程。

2. 森林生态补偿机制

生态补偿机制的实践始于林业部门，1998 年特大洪灾在很大程度上来源于人类对森林生态系统的过度开发与林木资源乱砍滥伐。因此，国家实施退耕还林、退耕还草等重要政策举措。中部地区的森林资源丰富，特别是江西省与湖南省的森林覆盖率排在全国前列。为了加大森林资源的保护力度，发挥森林生态系统的生态效益，中部地区对森林生态补偿机制进行了探索（表 3-5）。中部地区森林生态补偿实践主要表现为公益林补偿和退耕还林工程。国家优先在公益林管护方面给予财政投入，中部地区进一步利用地方财政扩大补偿范围与提高补偿标准。2004 年公益林每年每亩（1 亩≈666.67m^2）补偿 5 元，2009 年国家将公益林中的补偿标准提高到每年每亩 10 元，2014 年再次将补偿标准提高到每年每亩 15 元。中部地区退耕还林补偿分为多轮，新一轮退耕还林的补偿标准达到 1500 元/亩。而根据山西省 2017 年的新出规定，山西省对 58 个贫困县实施的退耕还林在国家补助基础上每亩增加 800 元。

今后江西省森林生态补偿的重点是健全公益林补偿标准动态调整机制，逐步提高生态公益林补偿标准和天然商品林管护补助标准，探索承租经营森林租赁制度，在国家级自然保护区、"五河"及东江源头等重要生态区开展森林生态补偿试点。

3. 湿地生态补偿机制

2003 年江西省出台《江西省鄱阳湖湿地保护条例》，2012 年《江西省湿地保护条例》明确提出对因保护湿地生态环境使湿地资源所有者、使用者的合法权益受到损害的，应当给予补偿。2015 年江西省新建县、永修县和星子县等 3 个鄱阳湖国际重要湿地周边县被列为首批国家湿地生态补偿试点县。试点县获得的湿地生态补偿资金，主要用于沿鄱阳湖国际重要湿地周边农作物受损补偿与生态修复，实施湿地保护恢复与流域生态修复等工程项目。2005 年湖南省出台了《湖南省湿地保护条例》，首次提出对因保护湿地而受到损失的个人或者单位应当依法给予补偿。湖南省在湿地生态补偿方面的探索主要有申请湿地保护类资金，2015 年湖南省西洞庭湖国际重要湿地首次纳入"中央财政湿地生态效益补偿项目"补偿范围，2015～2016 年共获得补偿资金 5000 万元，该资金用于湿地保护与恢复、启动退耕还湿和湿地生态效益补偿试点以及湿地保护奖励等。湖南省林业厅会同财政厅等有关部门探索建立省级层面的湿地生态补偿机制，并以洞庭湖湿地为重点进行省级生态补偿试点。2015 年湖南省林业厅编制了"湘江流域退耕还湿还林工作方案"，指导湘江流域 8 个市开展退耕还湿试点工作（陈业强与石广明，2017）。

2014 年湖北省政府出台《湖北省湿地公园管理办法》，明确了湿地生态补偿的办法、机制和责任；同时指导武汉市具体开展了湿地生态补偿试点工作，制定了《武汉市湿地自然保护区生态补偿暂行办法》。

4. 矿产资源生态补偿机制

中部地区的矿产资源很丰富，但矿产资源的开发利用带来了较严重的生态破坏。为治理与恢复矿山生态环境，中部地区对矿产资源生态补偿机制也进行了探索。中部地区在矿产资源生态补偿上主要有开征矿产资源税和矿山环境治理备用金制度。前者通过征税体现矿产资源的价值，后者则直接通过行政手段约束开矿企业进行矿山地质环境治理和修复。

耕地生态补偿的重点是探索建立耕地休养生息制度，对在重金属污染区、生态严重退化地区实施耕地休耕、轮作和调整种植结构的农业经营者予以适当的物质或现金补助，中部地区有部分省份正在开展耕地生态补偿研究。中部地区开展自然保护区生态补偿机制的研究较少，目前只有湖北省发布了《武汉市湿地自然保护区生态补偿暂行办法》，其他省市未出台统一的自然保护区专项法规。

国内学者对中部地区或中部六省的生态补偿机制进行了研究，包括生态补偿财税制度、生态补偿的主体和客体、补偿方式和实施对策等。也有学者对中部各省各领域的生态补偿额度进行了测算。这些研究用不同的方法计算出中部区域生态补偿标准量，各自得出的结果差异很大，难以应用到生态补偿的实践之中，且未有文献对中部地区生态补偿标准及时空格局等进行系统的研究。

3.4　小　　结

国内外区域生态补偿模式、研究内容与方法的侧重点各不相同。在生态补偿模式方面，欧洲、北美等发达地区经济发展水平高，经济实力强，充分利用了市场机制与多渠道的融资体系，形成了政府公共补偿、一对一交易、限额交易市场、生态产品认证等较为系统的生态补偿模式，在水权交易、碳蓄积与储存、排污权交易等方面，已有许多经验可供借鉴。在研究内容上国外集中于生态补偿的市场机制、生态补偿的时空选择、生态补偿的支付意愿与受偿意愿、生物多样性保护生态补偿等。在我国，区域生态补偿的研究内容主要有生态补偿主客体的确定、生态补偿标准的计算、生态补偿途径的选择、生态补偿资金的来源、生态补偿政策法规的制定等（王昱，2009；丁四保和王晓云，2008）。财政转移支付是我国生态补偿的主要形式，但给国家财政造成了很大的负担。我国的生态补偿市场机制的研究远不及西方发达国家深入，因此，生态补偿标准的计算和补偿额的分配、生态补偿的市场化实现途径仍是生态补偿研究的重点和难点。因此，以后要围绕以下两个方面开展系统深入的研究。

1. 加强区域生态补偿标准的量化研究

目前国内外生态补偿标准的量化方法多种多样，如有生态系统服务价值法、生态足迹法、水足迹法、机会成本法、碳足迹法、生态受益者获利法与生态恢复成本法等。目前大量的生态系统服务价值的估算价值很高，结果差异很大，政府无法按其估算的补偿量进行补偿，只能作为生态补偿额的上限，有待于运用定量与定性相结合的方法，建立一套生态补偿评估指标体系，根据当地经济发展水平与人口数量，科学准确测算区域生态补偿数额，研究区域生态补偿资金在各补偿主体间的分摊及各补偿客体间的分配等，从而为政府决策提供依据（胡小飞，2015）。

2. 建立多元化区域生态补偿途径

区域生态补偿的实施取决于生态补偿资金投入，政府财政投入（主要是财政转移支付）是生态补偿的主要渠道，如法国的林业基金中政府财政支出占很大比重。我国要解决对生态保护者的补偿依赖于各级政府的公共财政投入，提高中央财政转移支付中用于生态补偿的比例，形成规范、统一与透明的财政转移支付制度，设立生态补偿专项基金协调区域利益平衡，在适当的时间发行生态补偿国债。政府还可以建立与完善资源环境税费政策，扩大已有税费征收范围与扩大税费征收力度，对主体功能区与重点生态功能区进行税收优惠。开展横向财政转移支付，有效补充中央财政投入，协调地区间公共物品的供给（胡小飞，2015）。

为了扩大区域生态补偿的资金来源，要尝试运用市场补偿途径，如采用一对一交易、产权交易市场、生态标记、排污权交易、水权交易、碳权交易等方式，为生态补偿提供较稳定的资金来源渠道。产权界定模糊、补偿主体分散、面积较大的区域适宜采用政府补偿，产权界定清晰、补偿主体集中、面积较小的区域适宜采用市场补偿。可根据具体情况选择不同的补偿模式（王蓓蓓，2010；胡小飞，2015）。

总体来看，我国生态补偿的理论研究与国外发达国家的研究水平较为接近，但区域生态补偿实践非常缺乏，建立适合于我国国情的生态补偿机制还任重而道远。中部地区崛起是国家的重大发展战略，江西省生态文明先行试验区建设这一国家发展战略的实施，将为我国区域或流域生态补偿实践的推动带来新动力。

第4章 区域生态补偿利益相关者的演化博弈分析

区域生态补偿是生态补偿的重要组成部分，包括跨区域区际与区域内生态补偿，强调由区域外或区域内对不同资源环境主体所在空间的自然资源开发、自然资源保护及生态修复等的补偿（黄寰，2012）。区域生态补偿机制的核心有三个，分别为谁补偿给谁、补偿多少和如何补偿。确定谁补偿给谁是建立区域生态补偿机制的基础，将对生态系统服务产品供给数量与质量有很大影响，同时是相关生态补偿政策执行成功与否的关键（马爱慧，2011；胡小飞，2015）。

博弈论即对策论，主要是研究具有斗争或竞争性质现象的数学理论和方法，是公式化的激励结构间的相互作用（胡小飞和傅春，2013）。按博弈论的逻辑基础可将其分为传统博弈和演化博弈，是有限理性博弈方根据生物进化动态机制不断反复调整与改进博弈结果的模型。已有学者将演化博弈应用于水源地和下游地方政府之间行为演进（接玉梅等，2012）、粮食主产区动态补偿机制（焦晋鹏，2014）、自然保护区利益相关者分析（胡小飞和傅春，2013）等生态环境保护与生态补偿领域。

本章利用演化博弈论来分析区域生态补偿利益主体，构建动态演化博弈模型，预测各博弈方在有限理性条件下的行为选择，探讨区域生态补偿利益主体存在的问题和解决途径，从而为区域生态补偿机制的建立提供理论依据和决策支持，以实现区域可持续发展的目的。

4.1 区域生态补偿利益相关者

生态补偿涉及多个利益相关者，如生态环境的保护者和受益者、生态环境的破坏者和建设者。区域生态补偿的利益主体包括中央政府、各区域地方政府、区域生态环境建设者与生态受益者、生态环境破坏者等（马国勇和陈红，2014）。而根据相关文献的分析可知，生态补偿主体是指从生态系统服务功能中受益的个人或组织，生态补偿客体是指为维护和改善生态系统服务功能而导致利益受损的个人或组织。根据这一概念，中央政府、生态环境受益区域地方政府与居民是生态补偿的主体。生态系统服务产品的提供者如资源环境保护区的生态保护者是生态补偿客体，包括资源环境保护区地方政府、森林的培育与管护人员、耕地的使用者与所有者、湖泊湿地的管理者与保护者等。区域生态补偿主客体均为区域生态补偿直接利益相关者（胡小飞和傅春，2013；胡小飞，2015）。

中央政府作为区域生态补偿的主体，可通过协调区域间或地区间的生态补偿与利益分配关系，来保障生态安全和经济可持续发展。理论上来说中央政府和地方政府利益诉求是一致的，但由于各种原因特别是制度的缺陷，有地方政策与中央政府的利益诉求不一致的情况出现（胡小飞，2015）。

本章综合以上利益相关者理论及主客体理论，将直接利益主体考虑为生态系统服务保护者与受益者、生态系统服务提供区地方政府与生态系统服务受益区地方政府、中央政府与地方政府，这些利益主体的目的是使各自的收益最大化（罗辉等，2010；胡小飞，2015）。

4.2　利益相关者间博弈模型构建

4.2.1　基本条件假设

本研究做出以下假设：

（1）生态系统服务提供区的居民或地方政府的行为分为两大类，即保护自然资源的行为与不保护自然资源的行为。

（2）中央政府及其他相关职能部门（如农业、林业、国土资源、旅游等管理部门）的利益与资源环境受益区居民或政府（受益者）的利益一致，在博弈中可由资源环境受益者（或政府管理部门）来代替。

（3）为了保护生态环境，中央政府对重要生态功能区与主体功能区有财政投入，由政府管理部门支配，政府管理部门的策略分为两类：不补偿给生态系统服务保护区居民或政府和补偿给生态系统服务保护区居民或政府。

（4）生态系统服务受益区居民或政府进行管理的过程中，有巡查生态系统服务保护区居民或地方政府对自然资源的破坏行为并予以处罚和不巡视其对自然资源的破坏行为两种策略。如果给予生态系统服务保护区居民以生态补偿，巡查生态系统服务保护区居民对自然资源的破坏行为并予以处罚，如果不给予生态补偿，则不巡视其对自然资源的破坏行为（胡小飞和傅春，2013；胡小飞，2015）。

当生态系统服务受益区居民或政府选择不补偿给生态系统服务保护区居民的策略时，生态系统服务保护区居民作为一个理性的经济人，会选择破坏自然资源行为（如砍伐森林、直接排污水与废水）以维持其经济利益；当生态系统服务受益区居民或政府采取补偿策略时，生态系统服务保护区居民或地方政府有两种选择：保护和不保护（罗辉等，2010）。生态系统服务保护区居民或地方政府的选择取决于三个方面，首先是生态系统服务受益区居民或政府能够给予的生态补偿金额多少，其次是采取破坏自然资源的行为被巡视后受处罚的金额多少，最后是采取破坏资源的行为所带来的短期收益（胡小飞和傅春，2013；胡小飞，2015）。

4.2.2 构建演化博弈模型

生态系统服务保护区居民与生态系统服务受益区居民或政府的博弈矩阵见表 4-1，其中，在一个区域内，设生态系统服务保护区居民保护资源环境的机会成本是 C_1，直接投入成本是 C_j，生态系统服务受益者对生态系统服务保护区居民的补偿金额是 R，生态系统服务保护区居民采取保护行为时生态系统服务受益区居民或政府获得的长期生态效益是 L，给生态系统服务保护区居民带来的综合效益是 M，生态系统服务保护区居民如不保护生态环境时生态系统服务受益区居民或政府获得的短期效益是 S，生态系统服务保护区居民从事破坏自然资源行为的收益是 U，生态系统服务受益区居民或政府的监管成本是 V（胡小飞和傅春，2013；胡小飞，2015）。为使生态系统服务保护区居民不破坏资源环境，引入约束机制，F_1 指生态系统服务保护区居民不保护环境资源被处罚的金额。

表 4-1 生态系统服务保护区居民与生态系统服务受益区居民或政府的博弈矩阵

生态系统服务保护区居民		生态系统服务受益区居民或政府			
		补偿	y	不补偿	$1-y$
保护	x	$M+R-C_1-C_j$	$L-R-V$	$M-C_1-C_j$	L
破坏	$1-x$	$U+R-F_1$	$S-R-V+F_1$	U	S

4.3 利益相关者间博弈模型分析

4.3.1 模型复制动态与局部平衡点

假定博弈双方均为有限理性，生态系统服务受益区居民或政府补偿的概率为 y，生态系统服务保护区居民保护的概率为 x（胡小飞和傅春，2013；胡小飞，2015）。

生态系统服务保护区居民采取保护与破坏的期望收益 U_{11}、U_{12} 和生态系统服务保护区居民平均期望收益 $\bar{U}_1$ 分别为

$$U_{11} = (M + R - C_1 - C_j) \times y + (M - C_1 - C_j) \times (1 - y) \tag{4-1}$$

$$U_{12} = (U + R - F_1) \times y + U \times (1 - y) \tag{4-2}$$

$$\bar{U}_1 = x \times U_{11} + (1 - x) \times U_{12} \tag{4-3}$$

生态系统服务受益者采取补偿与不补偿的期望收益 U_{21}、U_{22} 及平均期望收益 $\bar{U}_2$ 分别为

$$U_{21} = (L - R - V) \times x + (S - R - V + F_1) \times (1 - x) \tag{4-4}$$

$$U_{22} = L \times x + S \times (1 - x) \tag{4-5}$$

$$\bar{U}_2 = y \times U_{21} + (1 - y) \times U_{22} \tag{4-6}$$

生态系统服务保护区居民与生态系统服务受益区居民或政府对 x 和 y 的复制动态方程分别为

$$F(x) = \frac{dx}{dt} = x \times [U_{11} - \bar{U}_1] = x \times (1 - x) \times (yF_1 + M - U - C_1 - C_j) \tag{4-7}$$

$$G(y) = \frac{dy}{dt} = y[U_{21} - \bar{U}_2] = y \times (1 - y) \times (F_1 - R - V - F_1 x) \tag{4-8}$$

当该博弈达到均衡时，博弈主体（即生态系统服务保护区居民与生态系统服务受益者）的策略选择趋于稳定。

即：$F(x) = \dfrac{dx}{dt} = 0, G(y) = \dfrac{dy}{dt} = 0$ 同时成立，求解，得

$$x = 0, x = 1, y^* = \frac{C_1 + C_j + U - M}{F_1} \tag{4-9}$$

$$y = 0, y = 1, x^* = \frac{F_1 - R - V}{F_1} \tag{4-10}$$

由生态系统服务保护区居民与生态系统服务受益区居民或政府组成的演化博弈矩阵的局部平衡点分别是：$O(0, 0)$、$A(0, 1)$、$B(1, 0)$、$C(1, 1)$ 和 $D\left(x^* = \dfrac{F_1 - R - V}{F_1}, \right.$

$\left. y^* = \dfrac{U + C_1 + C_j - M}{F_1} \right)$。

4.3.2　生态保护者与生态受益者的演化稳定性

由 $F(x)$ 与 $G(x)$ 构成的动态演化博弈模型均衡点的稳定性可通过分析该模型的雅可比矩阵的局部稳定性得到（胡小飞和傅春，2013；胡小飞，2015），$F(x)$ 与 $G(x)$ 的系统雅可比矩阵及其相对应的行列式和迹见表 4-2。

$$
\begin{aligned}
\text{Det}(J) &= \begin{bmatrix} \dfrac{\partial F(x)}{\partial x} & \dfrac{\partial F(x)}{\partial y} \\ \dfrac{\partial F(y)}{\partial x} & \dfrac{\partial F(y)}{\partial y} \end{bmatrix} = \frac{\partial F(x)}{\partial x} \times \frac{\partial F(y)}{\partial y} - \frac{\partial F(x)}{\partial y} \times \frac{\partial F(y)}{\partial x} \\
&= (1 - 2x)(yF_1 + M - U - C_1 - C_j)(1 - 2y)(F_1 - R - V - F_1 x) \\
&\quad - x(1 - x)F_1 y(1 - y)(-F_1)
\end{aligned}
$$

$$\mathrm{Tr}(J) = \frac{\partial F(x)}{\partial x} + \frac{\partial F(y)}{\partial y} = (1-2x)(yF_1 + M - U - C_1 - C_j) + (1-2y)(F_1 - R - V - F_1 x)$$

$$(4\text{-}11)$$

表 4-2 系统雅可比矩阵

局部平衡点	Det(J)	Tr(J)
$O(0,0)$	$(M-U-C_1-C_j)(F_1-R-V)$	$M-U-C_1-C_j+F_1-R-V$
$A(0,1)$	$(F_1+M-U-C_1-C_j)(R+V-F_1)$	$M-U-C_1-C_j+R+V$
$B(1,0)$	$(U+C_1+C_j-M)(-R-V)$	$U+C_1+C_j-M-R-V$
$C(1,1)$	$(F_1+M-U-C_1-C_j)(-R-V)$	$U+C_1+C_j-M-F_1+R+V$
$D(x^*,y^*)$	$\dfrac{(R+V)(F_1-R-V)(U+C_1+C_j-M)(F_1+M-U-C_1-C_j)}{F_1F_1}$	0

4.3.3 生态保护者与生态受益者的演化稳定参数

（1）当 $F_1 < R+V$ ，且 $M < U+C_1+C_j$ 时，该均衡点局部稳定性见表 4-3。

表 4-3 均衡点 I 的局部稳定性

局部平衡点	Det(J)	Tr(J)	稳定性
$O(0,0)$	+	−	稳定
$A(0,1)$	+−	+−	不稳定
$B(1,0)$	−	+−	不稳定
$C(1,1)$	+−	+	不稳定
$D(x^*,y^*)$	+−	0	鞍点

注：同时出现正负号表示可能大于 0 也可能小于 0，只出现正号表示大于 0，只出现负号表示小于 0。

当生态系统服务受益区居民或政府采用不补偿策略，使得生态系统服务保护区居民破坏自然资源环境的收益大于保护自然资源环境的收益时，系统将向（不保护，不补偿）收敛，这与其他研究分析结果较为一致（罗辉等，2010；胡小飞和傅春，2013；胡小飞，2015），区域自然资源环境受到威胁。

（2）当 $M > U+C_1+C_j$ 时，该均衡点局部稳定性见表 4-4。

表 4-4 均衡点 II 的局部稳定性

局部平衡点	Det(J)	Tr(J)	稳定性
$O(0,0)$	−	+−	不稳定
$A(0,1)$	+	+	不稳定
$B(1,0)$	+	−	稳定
$C(1,1)$	−	+−	不稳定
$D(x^*,y^*)$	+−	0	鞍点

当生态系统服务保护区居民破坏生态环境的收益小于保护生态环境的收益时，该演化博弈的稳定均衡点为 $B(1, 0)$，即（保护，不补偿），符合"谁保护谁受益"原则，但却不符合"谁受益谁补偿"的原则，与徐大伟等（2012）的研究结果一致。生态系统服务保护区居民或政府为了保护生态环境投入了许多直接生态保护成本并且失去较多发展机会，在生态补偿机制不健全而未得到相应生态补偿资金的情况下，生态系统服务保护区居民或政府的经济利益受损，为了增加经济收入，会抓住机会从事破坏资源环境的行为（黄晓军和龙勤，2011），使得系统由 $B(1, 0)$ ［即（保护，不补偿）］向 $O(0, 0)$ ［即（不保护，不补偿）］均衡点演变。因此，需要建立健全区域生态补偿机制，加大中央政府与各级地方政府财政转移支付力度，通过对生态系统服务保护区居民或政府进行生态补偿来增加其保护生态环境的收益，使系统演变为 C（保护，补偿）策略（胡小飞和傅春，2013；胡小飞，2015）。

（3）当 $F_1 > R + V$，且 $M < U + C_1 + C_j$ 时，该均衡点局部稳定性见表 4-5，演化博弈模型没有演化稳定策略。即仅对生态系统服务保护区居民或政府居民破坏自然资源环境的行为进行处罚，而不对生态系统服务受益区居民或政府进行制约的管理体制不利于生态环境保护。

表 4-5　均衡点Ⅲ的局部稳定性

局部平衡点	Det(J)	Tr(J)	稳定性
$O(0, 0)$	−	+−	不稳定
$A(0, 1)$	+−	+−	不稳定
$B(1, 0)$	−	+−	不稳定
$C(1, 1)$	+−	+−	不稳定
$D(x^*, y^*)$	+−	0	鞍点

因此，再引入另外一个约束机制，即生态系统服务保护区居民或政府保护自然资源环境的情况下生态系统服务受益区居民或政府不补偿时保护者可以根据生态补偿条例与法规等通过法律手段获得收益 F_2，这部分收益由生态系统服务受益区居民或政府支付，新的博弈矩阵见表 4-6。

表 4-6　生态系统服务受益者与生态系统服务保护者的博弈矩阵

生态系统服务保护者		生态系统服务受益者			
		补偿	y	不补偿	$1-y$
保护	x	$M+R-C_1-C_j$	$L-R-V$	$M-C_1-C_j+F_2$	$L-F_2$
破坏	$1-x$	$U+R-F_1$	$S-R-V+F_1$	U	S

该博弈矩阵的复制动态方程存在 5 个局部平衡点：（0，0）、（0，1）、（1，0）、（1，1）及鞍点 $\left(x^* = \dfrac{F_1 - R - V}{F_1 - F_2}, y^* = \dfrac{C_1 + C_j + U - M - F_2}{F_1 - F_2} \right)$。

如果要使 5 个局部平衡点中的点（1，1）即点（保护，补偿）成为稳定均衡点，需要满足如下条件：

$$\mathrm{Det}\,J(1,1) = (F_1 + M - U - C_1 - C_j)(F_2 - R - V) > 0 \qquad (4\text{-}12)$$

$$\mathrm{Tr}(J) = U + C_1 + C_j - F_1 - M + R + V - F_2 < 0 \qquad (4\text{-}13)$$

即

$$F_1 + M - U - C_1 - C_j > 0 \ ; \ F_2 > R + V$$

结合以上 $F_1 > R + V$，且 $M < U + C_1 + C_j$ 条件，需要满足：

$$M < U + C_1 + C_j < M + F_1$$

该不等式有解，即增加生态系统服务保护区居民破坏自然资源环境被处罚的金额 F_1，同时增加生态系统服务保护区居民保护环境的情况下生态系统服务受益者不补偿时保护者通过法律手段获得的收益 F_2，生态系统服务受益者对生态系统服务保护者进行补偿的策略成为占优策略。生态系统服务保护者在保护自然资源环境时虽然投入了直接生态保护成本，并且丧失了经济发展机会成本，但由于生态系统服务受益者给予其生态补偿金额，经过平衡后其获得的收益大于破坏资源环境的收益，为此，生态系统服务保护区居民的占优策略是保护自然资源环境（胡小飞和傅春，2013；胡小飞，2015）。最后形成了（保护，补偿）的演化稳定策略，这与其他研究者分析结论一致（接玉梅等，2012）。

4.4　区域生态补偿博弈路径选择

区域生态环境是国家生态安全的重要保障，但生态环境的公共物品特性决定其供给与消费存在不对称，"搭便车"或过度使用现象大量存在。区域生态环境保护者与受益者保护生态环境的积极性不高，因此中央政府作为中介来进行协商并制定相关生态补偿制度与政策，发挥政府主导和市场机制的双重作用，以调整利益相关者的关系，由生态受益者共同来承担生态保护的高成本，解决过度使用与"搭便车"现象，实现生态效益与经济效益的"双赢"具有重要意义。

地方政府作为中央政府的代理人与中央具体生态补偿制度的执行机构，其利益诉求与中央政府有差别，如果缺乏生态补偿机制，中央政府与地方政府的博弈矩阵不存在纳什均衡点。中央政府通过构建具有激励作用的生态补偿利益分配机制，其核心问题之一是量化其生态补偿额度（胡小飞和傅春，2013；胡小飞，2015）。

4.5　小　　结

本章对区域生态补偿主要利益相关者进行分析，建立生态补偿主要利益相关者的演化博弈模型，分析其演化稳定方向以及稳定性，结论如下：

（1）区域生态补偿相关利益主体包含中央政府、生态系统服务保护区与生态系统服务受益区地方政府，生态系统服务保护区与生态系统服务受益区居民等。在生态保护过程中，中央政府是生态补偿的主体，是生态补偿政策与法规的制定者；各级地方政府是中央政府与居民的中介，各级地方政府之间存在利益不均衡关系；生态系统服务保护区居民是生态系统服务产品的提供者，生态系统服务受益区居民是生态系统服务受益者。直接博弈中（不保护，不补偿）是生态系统服务保护者与受益者的地方政府之间的占优策略，很难演化为（保护，补偿）的合作状态，要依靠中央政府的制度安排来调整相关者利益分配关系（胡小飞和傅春，2013；胡小飞，2015）。

（2）如果生态系统服务受益者不对生态系统服务保护区居民进行补偿，其不补偿行为不受相关法律法规制约，同时政府管理部门对生态环境破坏者监管处罚较轻或者执行不力时，系统将向（不保护，不补偿）演化，会导致自然资源环境面临威胁。建立区域生态补偿机制，完善生态补偿政策法规，提高生态系统服务保护区居民保护自然资源环境的收益，系统才会向（保护，补偿）这一合作状态演化（胡小飞和傅春，2013；胡小飞，2015）。

（3）为使区域生态补偿博弈模型向生态系统服务保护区居民采取保护策略、生态系统服务受益区受益者采取补偿策略的稳定合作状态演化，需要对生态补偿额度进行量化，计算生态保护成本、监管成本与机会成本等，同时要加大监管执行力度。为此，准确计算生态系统服务保护区提供的生态系统服务价值、区域水盈余或水赤字量、碳盈余或碳赤字量，可为区域生态补偿的量化提供数据支撑（胡小飞，2015）。

综上所述，通过区域生态补偿主要利益相关者的演化博弈分析可较明确地界定区域生态补偿"谁补偿谁"这一基本问题，然而在具体实施中仍然具有很多不确定性。目前，我国生态补偿的主体主要是中央政府与地方政府，其他利益相关者的具体操作等方面无法落实，下一步要进一步保障"谁补偿谁"的有效实施，为中部地区生态文明建设提供支持。

第 5 章 基于生态系统服务功能的中部地区生态补偿空间选择

生态补偿的空间选择是指在较多的生态系统服务提供者当中，由于不同区域生态环境不同，所处的地位与承担的生态功能不同，保护生态环境的机会成本不同，提供的生态系统服务在数量和质量方面存在差异，依据其区域条件或个体条件的差异，确定最有效的补偿区域或生态系统服务供给者（戴其文等，2009）。生态补偿的空间选择是生态补偿机制的重要组成部分，有利于提高生态补偿的生态效率和资金效率，是建立和完善生态补偿机制的核心问题之一（胡小飞，2015；廖志娟等，2016）。

国外对生态补偿空间选择的研究已由单目标单准则发展到多目标多准则。最早采用单一的成本、效益或效益成本比作为空间选择标准，而后 Wunscher 等（2008）考虑了提供的生态系统服务、土地所有者的参与成本及环境服务受损风险三个空间变量，并在此基础上构建了补偿区域选择方法，结果发现选择方案成倍提高了森林保护项目的资金使用效率，该研究为生态补偿空间选择奠定了基础。

国内对生态补偿对象空间选择方面的研究较少，宋晓谕等（2012，2013）、戴其文（2010，2011，2013）基于福利成本法、分布式水文模型、最小数据方法等方法研究了区域生态补偿空间选择并进行了应用，但其计算过程较为复杂，所需数据不易获取。为此，有学者提出生态服务价值当量（谢高地等，2008）与生态补偿优先级的概念（王女杰等，2010）并将其应用于生态补偿空间选择。

生态服务价值当量以某种生态系统类型作为衡量标准量化不同土地利用类型的生态功能，该方法比较直观，便于比较，已被学者应用于不同类型生态系统服务功能评价与生态补偿标准的量化研究（胡小飞，2015；廖志娟等，2016）。谢高地等（2008）基于生态服务价值当量与 Costanza 生态系统价值评估体系对生态学专业人员进行问卷调查，得出生态系统价值评估当量表（即生态服务价值当量表）。金艳（2009）结合 GDP、人口等社会经济数据，建立区域生态补偿定量评估模型，模拟和分析中国、浙江省、仙居县等多时空尺度的生态补偿分布格局；王女杰等（2010）在谢高地等建立的生态服务价值当量的基础上，提出了区域间补偿的重要依据——生态补偿优先级（即考虑单位面积生态系统服务价值与 GDP），并以山东省不同生态区和不同县市为例，对其生态补偿优先级进行了计算，从多个空间尺度分析了山东省开展区域生态补偿的优先区域。孙贤斌和黄润（2013）利用2007 年遥感图像 TM 数据，对安徽省会经济圈的生态系统服务价值和生态补偿优先等级进行了计算。刘春腊等（2014）提出了基于生态价值当量的生态补偿标准模型，并对中国各省的生态补偿额度进行了计算，建立其与 GDP 关系，以上研究为本章的研究提供了思路。

本章在谢高地等（2008）建立的生态价值当量表的基础上，根据中部地区六省单位面积农田粮食产量对生态经济价值进行修订，使其成为适合中部地区的生态服务价值当量表，计算出中部地区生态系统服务价值的空间格局，在综合考虑中部地区经济发展水平的基础上，对中部地区的生态补偿的迫切程度进行量化与分区分级，根据各省生态系统服务价值、污染物排放量及污染治理投入确定生态经济价值的盈余状态与生态补偿金额。解决中部地区谁应该得到补偿、补偿多少的问题，以期为中部地区生态补偿的实施提供科学依据。

5.1　生态系统服务的文献计量

中文文献以 CNKI 数据库为文献来源，检索式为（核心期刊=Y 或者 CSSCI期刊=Y）并且（题名=生态系统服务或者题名=生态服务），论文发表年限为所有年，共检索到 1901 篇期刊文献。英文文献在 Web of Science 核心合集中进行检索，子库选择 Science Citation Index Expanded（SCI-Expanded）与 Social Sciences Citation Index（SSCI）（检索时间为 2017 年 10 月 28 日），检索途径为 title。检索式为：title=（ecosystem service* or environment*service* or ecolog* service*），论文发表年限为所有年，共检索出 3976 篇文献，其中研究论文（Article）3251 篇，综述（Review）307 篇，会议论文（Proceedings Paper）75 篇，编辑材料（Editorial Material）240 篇，信函（Letter）61 篇等，最终共计 3859 篇计入结果，用 Excel与 NoteExpress 及 Web of Science 自带的功能做数据的统计分析。

5.1.1　文献数量与分布

被 SCIE、SSCI 收录的生态系统服务的外文文献最早发表于 1983 年，而后缓慢增长，直到 1997 年发表 12 篇，而后除 2001 年、2003～2004 年外基本逐年增长，2005 年后急剧增长，到 2016 年达到最高峰 660 篇，2017 年因数据收录不全有所下降，但还不能体现当年的趋势。中文文献最早发表于 1999 年，当年只有 5 篇核心期刊，此后 2000～2011 年逐年增长，2011 达到最高峰 187 篇，2012 年后波动下降，与国外生态系统服务研究快速增长的趋势不一致（图 5-1）。

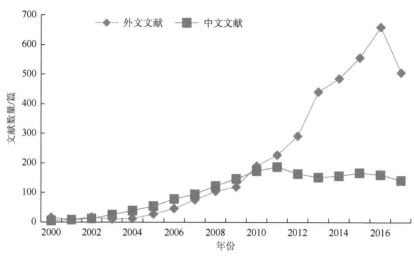

图 5-1　生态系统服务功能中外文期刊文献动态分布

生态系统服务国际研究论文以美国最多，达到 1308 篇；英国排名第二，发表 586 篇；德国发表 454 篇，排名第三；中国以 375 篇的发表量位居第四。外文发文量最多的机构以中国科学院为最多，达 161 篇；其次是荷兰瓦赫宁根大学与美国斯坦福大学，分别发文 115 篇与 110 篇。

如表 5-1 所示，期刊 *Ecosystem Services* 的发文量最多，达 346 篇，该刊为 SCIE 收录，影响因子在 4 以上，属于一区期刊。*Ecological Economics* 刊物在生态与环境研究领域是二区期刊，在经济与环境研究领域是一区期刊，为 SCIE 与 SSCI 双收录期刊，其影响因子在不断提升，2016 年达到 2.965，是生态系统服务研究领域的核心期刊。

表 5-1　生态系统服务发文量较多的中外文期刊

序号	期刊名称	文献篇数	2016 年影响因子
1	*Ecosystem services*	346	4.072（一区）
2	*Ecological Economics*	264	2.965（一区）
3	*EcologicalIndicators*	150	3.898（一区）
4	*Ecology and Society*	107	2.842
5	*Plos One*	79	2.806（一区）
6	*Journal of EnvironmentaManagement*	76	4.010（一区）
7	*Science of the Total Environment*	72	4.900（一区）
8	生态学报	152	
9	资源科学	68	
10	水土保持研究	84	
11	中国人口资源环境	52	
12	应用生态学报	57	

国内刊物《生态学报》刊载的国内生态系统服务论文最多，该刊侧重于生态环境保护与建设，关注生态系统服务的评价与应用。

中文发文量排在前几位的机构如下：中国科学院地理科学与资源研究所（131 篇）>北京林业大学（89 篇）>中国科学院生态环境研究中心（83 篇）>北京师范大学（74 篇）。发文量多的作者是欧阳志云、谢高地、王兵、傅伯杰、李文华等。其中国内的傅伯杰在 SCIE 上发表论文达 29 篇，是生态系统服务研究领域的高产作者。

5.1.2　高被引论文

Costanza 等 1997 年在 *Nature* 上题名为 "The value of the world's ecosystem services and natural capital" 的发表和 Daily 1997 年主编的名为 "Nature's services：Societal dependence on natural ecosystems" 的图书出版引发国内外研究生态系统服务功能热潮。2002 年 *Ecological Economics* 期刊针对生态系统服务功能的动态和价值评估出版专刊，生态系统服务功能价值评估成为生态经济学的前沿与热点问题。学者就城市、森林、草地、湿地等不同生态系统进行服务功能及其价值评估研究。Web of Science 核心合集检索的生态系统服务 Highly Cited in Field 高被引论文达 179 篇，Hot Papers in Field 热点论文 1 篇（图 5-2）。其中 Wunder 在 2015 年发表的 "Revisiting the

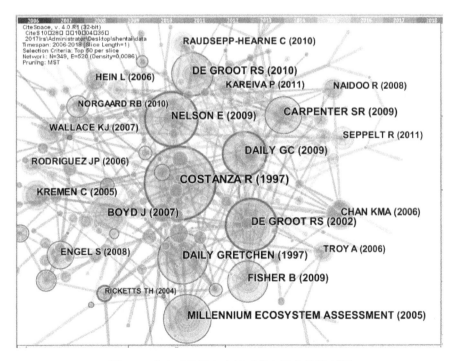

图 5-2　生态系统服务高被引外文论文共被引图

concept of payments for environmental services"一文既是高被引论文又是热点论文,该文回顾了 PES 的概念,综述了现有的 PES 的定义,提出了一种改进的 PES 的定义,概述条件作为单一的定义特征,避免了买方与卖方的条款,将 PES 与外部性联系起来。广泛的解释指南解决了最近 PES 文献中提出的许多有效的概念问题(Wunder,2015)。

欧阳志云等 1999 年对中国陆地生态系统服务功能及其生态经济价值进行初步计算,该文为国内最早进行生态系统服务定量估算的文章,自发表以来引用次数达 2245 次;随后,谢高地等 2001 年对中国草地生态系统服务价值进行评估;余新晓等对中国森林生态系统服务功能价值、北京山地森林生态系统服务价值进行评估;辛琨和肖笃宁对盘锦地区湿地生态系统服务进行评估;赵同谦等对中国地表水生态系统服务进行评估(表 5-2)。这些文献的引用次数都在 400 次以上,奠定了生态系统服务价值研究的基础。

表 5-2　生态系统服务高被引中文论文

作者	题名	刊名	年
谢高地,甄霖,鲁春霞,等	一个基于专家知识的生态系统服务价值化方法	自然资源学报	2008
余新晓,鲁绍伟,靳芳,等	中国森林生态系统服务功能价值评估	生态学报	2005
靳芳,鲁绍伟,余新晓,等	中国森林生态系统服务功能及其价值评价	应用生态学报	2005
赵同谦,欧阳志云,王效科,等	中国陆地地表水生态系统服务功能及其生态经济价值评价	自然资源学报	2003
辛琨,肖笃宁	盘锦地区湿地生态系统服务功能价值估算	生态学报	2002
余新晓,秦永胜,陈丽华,等	北京山地森林生态系统服务功能及其价值初步研究	生态学报	2002
张志强,徐中民,程国栋	生态系统服务与自然资本价值评估	生态学报	2001
谢高地,鲁春霞,成升魁	全球生态系统服务价值评估研究进展	资源科学	2001
谢高地,张钇锂,鲁春霞,等	中国自然草地生态系统服务价值	自然资源学报	2001
欧阳志云,王效科,苗鸿	中国陆地生态系统服务功能及其生态经济价值的初步研究	生态学报	1999

5.1.3　关键词共现

利用 Citespace 对外文文献的关键词进行共现分析,如图 5-3 所示。在关键词共现图谱中,关键词出现的次数越多,这个词显示得越大,和各个关键词直接的关系也越密切。ecosystem services(生态系统服务)是图谱中最大的节点。比较明显的关键词还有 management(管理)、valuation(评估)、conservation(保护)、biodiversity(生物多样性)、landscape(景观)、land-use(土地利用)、biodiversity conservation(生物多样性保护)等。这些关键词很好地反映了生态系统服务研究的相关理论基础和研究方向。

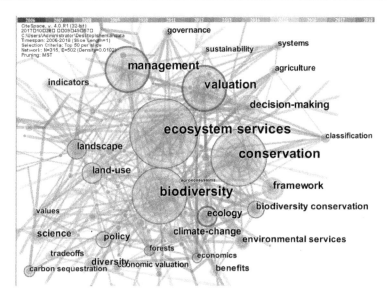

图 5-3　生态系统服务高被引外文论文关键词共现

　　从生态系统服务中文文献关键词共现图可以看出，生态系统服务是最大的节点，排序如下：生态系统服务（413）＞生态系统服务价值（323）＞生态服务价值（228）＞生态系统服务功能（199）＞价值评估（196）＞土地利用（176）＞土地利用变化（130）＞生态服务功能（106）等（图 5-4），生态补偿也是其中的一个重要研究方向，呈现与外文较为相像的共现图，说明我国的研究紧跟国际趋势。

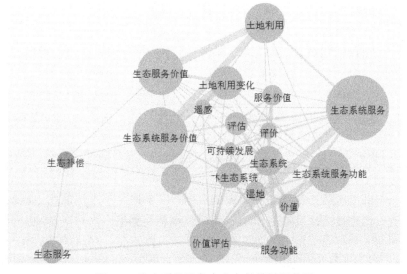

图 5-4　生态系统服务中文文献关键词共现

5.2　数据获取与处理

5.2.1　数据来源及说明

本章数据来源于全国第二次土地调查报告，参照其他研究文献，将中部地区六省土地利用类型划分为耕地、森林、草地、水体、湿地和荒漠六种类型。生态服务价值当量是基于如下假设：$1hm^2$全国平均产量的耕地每年粮食生产的经济价值为1，其他生态系统产生的生态系统服务相对于农田食物生产的贡献大小为其他生态系统生态服务价值当量因子（胡小飞，2015；廖志娟等，2016）。表 5-3 列出了不同生态系统类型单位面积生态服务价值当量。因为生态系统服务的市场价值已通过市场交换转化为货币，为区域的经济发展作了贡献，所以，在本章生态补偿额的确定中忽略市场价值，只取其中的非市场价值部分。

表 5-3　不同生态系统类型单位面积生态服务价值当量表（谢高地等，2008）

	服务	森林	草地	耕地	湿地	水体	荒漠
市场价值	原材料	2.98	0.36	0.39	0.24	0.35	0.04
	食物生产	0.33	0.43	1.00	0.36	0.53	0.02
	小计	3.31	0.79	1.39	0.60	0.88	0.06
非市场价值	气候调节	4.07	1.56	0.97	13.55	2.06	0.13
	气体调节	4.32	1.5	0.72	2.41	0.51	0.06
	土壤形成与保护	4.02	2.24	1.47	1.99	0.41	0.17
	水源涵养	4.09	1.52	0.77	13.44	18.77	0.07
	生物多样性保护	4.51	1.87	1.02	3.69	3.43	0.40
	娱乐文化	2.08	0.87	0.17	4.69	4.44	0.24
	废物处理	1.72	1.32	1.39	14.40	14.85	0.26
	小计	24.81	10.88	6.51	54.17	44.47	1.33
	合计	28.12	11.67	7.90	54.77	45.35	1.39
	生态价值当量	1.00	0.42	0.28	1.95	1.61	0.05

根据中部地区第二次土地利用调查数据，中部地区总土地面积 102.8 万 km²，以森林所占比重最大；其次为耕地；其余土地利用类型：水体＞草地＞湿地。

中部地区森林面积最大的为江西省，其次是湖南省，2011 年和 2015 年均在 900 万 hm² 以上，最小的是山西省，2011 年仅为江西省的 22.71%；耕地面积最大的是河南省，其次是安徽省，最小的为江西省；草地以山西省最大，安徽省最小，最大值为最小值的 50.95 倍。水域山西省最低，其余省份介于 105.43 万～207.86 万 hm²。2011 年，湿地湖南省最高达 122.69 万 hm²，其余省份介于 49.99～99.88 万 hm²（表 5-4）。

表 5-4　中部地区 2011 年与 2015 年土地利用类型面积表（万 hm²）

省份	耕地		森林		草地	水域	湿地	
	2011 年	2015 年	2011 年	2015 年			2011 年	2015 年
山西省	406.84	405.88	221.11	282.4	411.71	29.43	49.99	15.19
安徽省	590.71	587.79	360.07	380.42	8.08	185.94	65.39	104.19
江西省	308.91	308.27	973.63	1001.8	30.34	127.37	99.88	91.01
河南省	819.20	810.59	336.59	359.07	67.99	105.43	62.41	62.79
湖北省	532.30	525.50	578.82	713.86	29.42	207.86	92.73	144.5
湖南省	413.50	415.02	948.17	1011.9	49.03	152.99	122.69	101.97
合计	3071.46	3053.05	3418.39	3749.45	596.57	809.02	493.09	519.65

5.2.2　计算模型

1. 单位面积生态系统服务价值

$$V_t = \sum A_i \times Y_i / A_t \tag{5-1}$$

式中，V_t 为某省单位面积生态系统总服务价值（元）；A_i 为某地市第 i 种土地利用类型面积（hm²）；Y_i 为某地市第 i 种土地利用类型的生态系统服务价值系数，这里取表 5-3 中的生态价值当量；A_t 为某地市的土地总面积（hm²）（胡小飞，2015；廖志娟等，2016）。

2. 生态补偿优先级

$$P_i = V_i / G_i \tag{5-2}$$

式中，P_i 是 i 地市的生态补偿优先级；V_i 表示 i 地市单位面积生态系统服务非市场价值（元/hm²）；G_i 表示 i 地市单位面积地区生产总值（元/hm²）（胡小飞，2015；廖志娟等，2016）。

5.3　中部地区生态系统服务价值

谢高地等计算中国一个生态系统服务价值当量因子的 2007 年的经济价值量为 449.11 元/hm²，2011 年因考虑到价格上涨及中部地区粮食单位面积产量与全国平均产量的差异，中部地区一个生态系统服务价值当量因子的 2011 年的经济价值量取值为 656.72 元/hm^2。将其与表 5-4 的中部地区土地利用类型及表 5-3 中各不同生态系统类型单位面积生态系统服务价值当量相乘后相加得到中部地区六省的非市场生态系统服务价值与市场生态系统服务价值（表 5-5）。

中部地区 2011 年生态系统服务总价值为 14288.60 亿元，其中非市场生态系统服务总价值为 13340.86 亿元，占总价值的 93.37%，中部地区生态系统服务总价值和非市场生态系统服务总价值与其土地总面积呈正相关关系（$r=0.85$，$P<0.01$）。与 2011 年相比，2015 年生态系统服务总价值增长了 794.99 亿元，增长率为 5.56%（表 5-5）。

表 5-5　中部地区各土地利用类型生态系统服务价值

省份	市场价值/亿元		非市场价值/亿元		总价值/亿元		单位面积服务价值/(元/hm^2)	
	2011 年	2015 年	2011 年	2015 年	2011 年	2015 年	2011 年	2015 年
山西省	74.01	84.64	1017.67	876.01	1091.68	960.65	6966.777	6130.56
安徽省	115.87	123.20	1987.69	2289.65	2103.56	2412.85	15087.18	17305.50
江西省	239.72	245.15	2924.19	2908.48	3163.92	3153.63	18953.23	18891.60
河南省	110.19	114.89	1595.54	1633.77	1705.73	1748.66	10213.95	10471.03
湖北省	166.53	199.69	2636.24	3214.58	2802.77	3414.27	15076.76	18366.17
湖南省	241.41	253.71	3179.53	3139.82	3420.94	3393.53	16151.75	16022.31
中部地区	947.73	1021.28	13340.86	14062.31	14288.60	15083.59	13875.89	14676.21

中部地区生态系统服务功能总量呈现南高北低的空间分布格局，这主要是由地貌空间结构和植被类型决定的。南部地区多山地丘陵，森林覆盖度高，且水体与湿地较多，而北部多农田与草地，农田的单位生态价值量较低。

从单位面积生态系统服务功能空间分布上来看，2015 年单位面积生态系统服务价值最高的是江西省，单位面积达 18891.60 元/hm^2，主要是因为该省森林、湿地与水体所占比重较大，而湿地与水体的生态价值当量非常高；湖南省的土地利用类型与江西相像；湖北省单位面积生态系统服务价值为 18366.17 元/hm^2，该省虽然森林面积比重不大，但湿地与水体比重较大；安徽省与湖南省单位面积生态系统服务价值分别为 17305.50 元/hm^2 与 16022.31 元/hm^2，安徽省虽然森林面积比重不大，但湿地与水体比重较大；单位面积生态系统服务功能低值区（单位面积价值小于 10500 元/hm^2）主要分布在河南省和山西省（表 5-5），这主要因为山西省与河南省耕地面积所占比重较大，山西省的草地面积所占比重也较大，而草地与耕地的生态价值当量较低。高价值区中要通过发展生态农业、生态旅游业等产业保护该区域生态系统服务功能不下降，积极争取国家的生态补偿资金支持。

从不同土地利用类型的服务功能占比来看，中部地区森林生态系统服务价值所占比重最大，大小依次为森林（45.90%）＞水体（25.72%）＞湿地（24.16%）＞耕地（2.94%）＞草地（1.27%）。

2015 年中部地区除安徽省外，其余五省森林生态系统产生的服务价值所占比重均最大，占总价值的 37.92%～58.66%（表 5-6），比例以江西省为最高。安徽省虽然森林生态系统服务功能仅占总价值量的 29.12%，但水体与湿地分别占总价值量的 36.95%与 30.29%，主要是因为水体与湿地单位面积生态系统服务价值高。

表 5-6　中部地区 2015 年各土地利用类型生态系统服务价值比重（%）

省份	森林	草地	耕地	湿地	水体
山西省	54.29	13.80	6.14	11.09	14.69
安徽省	29.12	0.11	3.54	30.29	36.95
江西省	58.66	0.31	1.42	20.24	19.37
河南省	37.92	1.25	6.73	25.19	28.91
湖北省	38.61	0.28	2.24	29.68	29.19
湖南省	55.07	0.47	1.78	21.08	21.61
中部地区	45.90	1.27	2.94	24.16	25.72

5.4　中部地区生态补偿空间格局

5.4.1　生态补偿优先级的空间分布

中部地区的经济发展水平相差较大，不同经济发展水平的省份进行生态补偿所受的影响差别也很大。对经济较落后的省份进行生态补偿可显著改善其经济环境，有利于其更好地保护生态环境；而对经济发达地区进行生态补偿后，其补偿额占 GDP 的比例较小，导致收效不大。因此，从获取生态补偿的迫切程度来讲，经济发展落后的区域比经济发展水平高的区域要强。根据式（5-2）计算中部六省的生态补偿优先级，其结果如表 5-7 所示。

表 5-7　中部地区生态补偿优先级

省份	生态补偿优先级		省份	生态补偿优先级	
	2011 年	2015 年		2011 年	2015 年
山西省	0.0906	0.0684	河南省	0.0592	0.0441
安徽省	0.1299	0.1040	湖北省	0.1343	0.1088
江西省	0.2499	0.1739	湖南省	0.1616	0.1081

　　江西省与湖南省的生态补偿优先级较大，应率先获得生态补偿，其中江西省所提供的非市场生态系统服务价值总量最大，是高"生态输出"地区，其人均GDP在中部地区排倒数第二，属于贫困地区，应优先享受区域生态补偿。山西省与河南省生态补偿优先级较小，应率先支付生态补偿。人均生态系统服务价值和人均GDP呈负相关关系，这表明承担了较多生态保护任务的江西省、湖南省未得到生态补偿而影响了其经济发展。

　　基于主体功能区划的主体功能定位不同的区域，其人均生态系统服务价值由重点开发区、限制开发农业区到限制开发生态区递增，这种递增反映了随着开发强度的增强，其生态系统服务价值是递减的。2015年人均生态系统服务价值最高的是江西省，达6907元，人均生态系统服务价值最低的为河南省，仅1845元。其余4省分别为湖北省（5834元）＞湖南省（5002元）＞安徽省（3927元）＞山西省（2622元）。江西省因为生态环境保护得好，被列为国家首批生态文明先行试验区，只能选择发展对区域生态环境无破坏甚至有益的产业，区域经济发展受到限制，应该由生态受益的重点开发区或周边发达地区对其进行生态补偿。

5.4.2　生态补偿额度的空间选择

　　生态补偿额度由区域生态系统服务价值、治理所有污染物排放的虚拟投入以及治理污染物的实际经济投入决定，本节仅考虑废水、废气，其处理费用参照潘竟虎（2014）的研究，即工业废水处理2元/t，生活污水处理1元/t，废气处理0.1元/m³。中部地区废水废气排放及环保治理与投入情况如表5-8所示。

表 5-8　中部地区废水废气排放及环保治理与投入

项目	时间	山西省	安徽省	江西省	河南省	湖北省	湖南省
工业废水排放 （10^4t）	2011 年	39665	70720	71196	138654	104434	97197
	2015 年	41356	71436	76412	129809	80817	76888
生活污水排放 （10^4t）	2011 年	76439	172384	122996	239999	188384	181243
	2015 年	103854	208928	146450	303540	232730	236795
废气排放 （10^8m³）	2011 年	42195	30411	16102	40791	22841	16779
	2015 年	33721	30794	17055	36286	23643	15320
总治理费用 （10^8元）	2011 年	4235.10	3072.46	1636.74	4130.82	2323.81	1715.41
	2015 年	3390.76	3114.58	1735.43	3684.92	2403.74	1571.06
实际投入费用 （10^8元）	2011 年	248.50	267.5	241.20	163.3	259.80	127.30
	2015 年	257.6	439.7	235.5	295.8	246.8	537.6

　　由表 5-8 可知，中部地区六省实际投入远小于其所需的治理费用，需要由生态系统服务价值来进行补偿，平衡三者之后得出各地市的实际补偿额度（表 5-9）。

表 5-9　中部地区生态补偿额度与占 GDP 比重

项目	年份	山西省	安徽省	江西省	河南省	湖北省	湖南省
总生态补偿/亿元	2011	−2968.93	−817.27	1528.65	−2371.98	572.23	1591.42
	2015	−2257.15	−385.23	1408.55	−1755.35	1057.64	2106.36
占 GDP 比重/%	2011	26.42	5.34	13.06	8.81	2.91	8.09
	2015	17.63	1.75	8.42	4.74	3.58	7.25
人均生态补偿/元	2011	−8263.09	−1369.42	3406.09	−2526.61	993.80	2412.71
	2015	−6160.34	−626.99	3084.87	−1851.63	1807.31	3105.35

　　2011 年与 2015 年中部地区生态补偿额度最高的是湖南省，分别达 1591.42 亿元与 2106.36 亿元；其次为江西省，分别为 1528.65 亿元与 1408.55 亿元，2015 年比 2011 年有所下降；湖北省排名第三，2011 年与 2015 年分别为 572.23 亿元与 1057.64 亿元。山西省、河南省与安徽省要支付生态补偿额，其中山西省支付的额度最高，分别为 2968.93 亿元与 2257.15 亿元；河南省次之，分别要支付 2371.98 亿元与 1755.35 亿元；安徽省分别支付 817.27 亿元与 385.23 亿元。中部地区各省份生态补偿额度占 GDP 的比重差异很大，最大的为山西省，2011 年和 2015 年分别占 26.42% 与 17.63%；其次是江西省，分别占 13.06% 与 8.42%。人均获得生态补偿额最高的是江西省，其次是湖南省与湖北省。人均支付生态补偿额最高的是山西省，其次是河南省与安徽省。

5.5　小　　结

　　本章在谢高地等建立的生态价值当量表的基础上，根据中部地区单位面积农田粮食产量对生态经济价值量进行修订，计算出中部地区生态系统服务价值的空间格局，在综合考虑中部地区经济发展水平的基础上，对中部地区生态补偿的迫切程度进行量化，根据中部地区生态系统服务价值、污染物排放量及污染治理投入确定生态经济价值的盈余状态与生态补偿金额。得出以下结论：

　　（1）中部地区 2015 年生态系统服务总价值为 15083.59 亿元，其中非市场生态系统服务总价值为 14062.31 亿元，占总价值的 93.23%。单位面积生态系统服务功能高值区为江西省与湖北省；单位面积生态系统服务功能中值区是安徽省与湖南省；而生态系统服务功能低值区是河南省与山西省。

（2）江西省、湖南省、湖北省与安徽省的生态补偿优先级较大，应率先获得生态补偿。山西省与河南省生态补偿优先级较小，应率先支付生态补偿。

（3）综合考虑区域自身的生态系统服务价值、治理污染物排放的虚拟投入以及治理污染物的实际经济投入得出 2015 年中部地区生态补偿额度最高的省份是湖南省，达 2106.36 亿元，其次为江西省、湖北省，分别为 1408.55 亿元与 1057.64 亿元；山西省、河南省与安徽省要支付的生态补偿额分别为 2257.15 亿元、1755.35 亿元与 385.23 亿元。

本章的计算方法与参数选择还需要进一步完善，如对中部地区生态系统服务价值计算的主要依据是谢高地等（2008）的研究，直接采用成果表中的单位面积价值，未能体现生态系统的动态性与复杂性，可能导致计算结果不准确，今后可考虑利用遥感数据结合生物量估算模型进行计算以进一步提高精度（胡小飞，2015；廖志娟等，2016）。

第6章　基于碳足迹的中部地区生态补偿标准及时空格局

气候变化为当今全球最严峻的环境问题之一，不仅影响经济发展，而且影响粮食安全、水资源安全及生态安全。气候变化最主要原因是人类活动向大气中排放大量的温室气体（特别是CO_2），导致全球气候变暖。我国政府采取多项措施控制温室气体排放，提出到 2020 年单位国内生产总值温室气体排放比 2005 年下降 40%～45%的减排目标。能源消耗是碳排放的主要来源，其中工业能源消耗占总能源消耗的 69.44%（胡小飞，2015）。但快速发展的农业与第三产业是温室气体排放的重要来源。中部地区是我国的粮食主产区、综合交通运输枢纽、现代装备制造与高新技术产业基地，工业、农业与第三产业在支撑经济发展、满足人民需求的同时，也给环境带来了巨大压力。碳足迹是一种测度碳排放影响的新方法，指一项活动、一个产品或服务的整个生命周期，或者某一地理范围内直接和间接产生的二氧化碳排放量。碳足迹来源于生态足迹，最早的论文发表于 2007 年有关计算飓风卡特丽娜在美国墨西哥湾沿岸森林的碳足迹（Chambers et al.，2007），随后学者对碳足迹开展了一系列研究，表明碳足迹已成为当前的研究重点与热点。本章对中部地区碳足迹进行计算与分析，揭示其生态补偿的时空格局，对于中部地区资源环境的可持续发展具有重要意义。

6.1　碳足迹的文献计量

中文文献以 CNKI 数据库为文献来源，检索式为（核心期刊=Y 或者 CSSCI 期刊=Y）并且（题名=碳足迹），论文发表年限为所有年，共检索到 334 篇期刊文献。英文文献在 Web of Science 核心合集中进行检索，子库选择 Science Citation Index Expanded（SCI-Expanded）与 Social Sciences Citation Index（SSCI）（检索时间为 2017 年 7 月 23 日），检索途径为 title。检索式为：title=（carbon footprint*），论文发表年限为所有年，共检索出 864 篇文献，其中研究论文（Article）732 篇，综述（Review）23 篇，会议论文（Proceedings Paper）26 篇，编辑材料（Editorial Material）30 篇，信函（Letter）27 篇等，除去 4 篇纠错（Correction），共计 860 篇计入结果。用 Excel 与 NoteExpress 做数据的统计分析。运用美国 Drexel 大学陈超美教授开发的可视化软件 Citespace 绘制关键词共现网络图和文献共被引网络图，展示碳足迹的研究基础和发展趋势。

6.1.1　文献数量与分布

被 SCIE、SSCI 收录的碳足迹的外文文献最早发表于 2007 年，而后快速增长，到 2012 年发表 91 篇，而后 2013 年稍有下降，之后又急剧增长，到 2015 年达到最高峰 139 篇，2016 年有所下降，2017 年因未收录齐全还不能体现其趋势。中文文献最早发表于 2008 年，当年只有 1 篇核心期刊，2009 年增长到 3 篇，2010 年后发文量快速增长，至 2012 年达到一个小高峰，2013 年略有下降，2014 年达到最高峰 55 篇，而后波动下降，国内外碳足迹论文发表的总体趋势基本一致（图 6-1）。

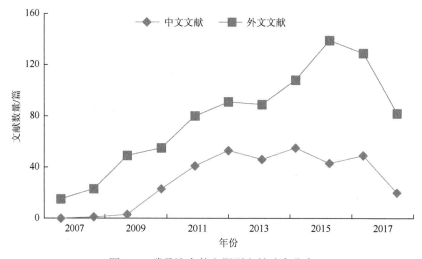

图 6-1　碳足迹中外文期刊文献动态分布

碳足迹国际研究论文以美国最多，达到 190 篇；中国排名第二，发表 118 篇；英国发文 80 篇，排名第三。

如表 6-1 所示，外文载文量多于 15 篇的刊物除 *Sustainability* 的影响因子为 1.789 外，其余均大于 3.0，且大多为一区期刊。发文量最多的是 *Journal of Cleaner Production*，该刊物为 SCIE 收录期刊，在生态与环境等领域均是一区期刊，该期刊由美国出版，每年 30 期，注重清洁生产、环境与可持续发展的研究与实践。发文量排名第二的 *International Journal of Life Cycle Assessment* 是第一本完全致力于生命周期评估和与其密切相关方法的杂志，生命周期作为一种公认的工具，用于评估与某一产品（或服务）相关的环境因素和潜在影响的方法，即产品（或服务）从取得原材料，经生产、使用直至废弃的整个过程。

国内刊物《生态经济》刊载的国内碳足迹论文最多，该刊侧重于生态环境保护与建设，关注碳足迹这种可持续发展评价方法的应用。

表 6-1　碳足迹发文量较多的中外文期刊

序号	期刊名称	文献篇数	2016 年影响因子
1	*Journal of Cleaner Production*	130	5.715（一区）
2	*International Journal of Life Cycle Assessment*	38	3.173（二区）
3	*Journal of Industrial Ecology*	18	4.123（一区）
4	*Environmental Science and Technology*	17	6.198（一区）
5	*Applied Energy*	15	7.182（一区）
6	*Energy Policy*	15	4.140（一区）
7	*Sustainability*	15	1.789（三区）
8	生态经济	23	
9	生态学报	13	
10	资源科学	11	
11	中国人口·资源与环境	10	
12	环境科学学报	10	

6.1.2　高被引论文

在 Web of Science 核心合集检索时发现有 20 篇高被引论文，这些高被引论文的研究内容主要有（图6-2）：Weber 和 Matthews（2008）采用消费者支出调查和多国家生命周期评估技术分析了美国家庭碳足迹，结果表明由于国际贸易的增加，2004年30%的美国家庭 CO_2 的影响发生在美国以外，家庭总收入和支出影响碳足迹。Druckman 和 Jackson（2009）基于准多区域投入产出模型，计算考虑到用于生产商品和服务以满足英国居民需求所有能源产生的碳排放，包括排放发生在英国或国外，并对碳足迹进行脱钩分析。Hertwich 和 Peters（2009）对73个国家和14个世界地区最终消费的货物和服务如建筑、住房、食品、服装、制成品、服务和贸易等的温室气体排放量进行计算，得出人均碳足迹从非洲国家的1t CO_2 变化到卢森堡和美国30t CO_2，在全球范围内，72%的温室气体排放来自家庭消费，食品和服务在发展中国家更为重要的结论。Bortolini 等（2016）提出碳足迹计算的多目标规划，考虑运营成本、碳足迹和交货时间目标，考虑粮食质量对交货时间的依赖性、地理分布的市场需求和农民的生产能力这三个约束条件，实证分析了从意大利生产商到几个欧洲零售商的新鲜水果和蔬菜的分销网络，构建经济、环境和交货时间的多目标函数，与相应的单目标相比，这样多目标规划的成本增加了2.7%，二氧化碳排放减少了9.6%。Sommer 和 Kratena（2017）使用一个完全成熟的宏观经济投入产出模型，计算了涵盖59个行业和五组美国家庭收入的私人消费的碳足迹。

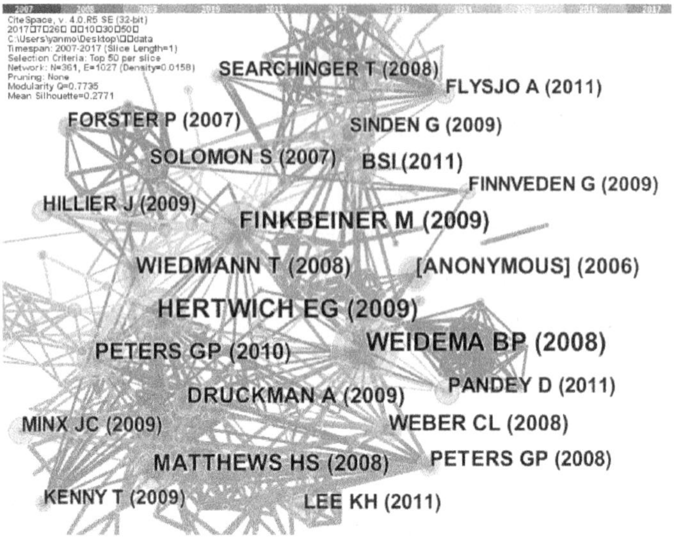

图 6-2　碳足迹文献共被引图

　　Flysjo 等（2012）研究了瑞典 23 个奶牛场（有机和常规）奶牛的碳足迹与每头奶牛产奶量之间的关系。Flysjo 等（2011）分析了两种截然不同的生产系统的牛奶生产的碳足迹：即在新西兰的一个室外牧场放牧系统和瑞典的一个使用集中饲料的室内住房系统，所使用的方法基于生命周期评价（life cycle assessment，LCA），研究不同参数对新西兰和瑞典产奶量碳足迹的影响。Lee（2011）以汽车行业的现代电机公司（HMC）为例整合碳足迹到供应链管理。Sundarakani 等（2010）对整个供应链的碳足迹进行了建模，分析模型采用长拉格朗日法和欧拉传输法，用解析法和有限差分法对三维无限足迹模型进行了近似求解。

　　Sovacool 和 Brown（2010）对 12 个大都市区的碳足迹进行了初步比较。它通过研究与车辆、建筑、工业、农业和废物有关的能源排放量来实现这一目标。首先探讨了现有的城市形态和气候变化的文献，并解释了用于计算每个地区的碳足迹的方法，计算北京、雅加达、伦敦、洛杉矶、马尼拉、新德里、纽约、圣保罗、首尔、新加坡、东京等的碳足迹。Hua 等（2011）研究了碳排放交易机制下企业如何管理碳足迹，推导出了最优订货量，并对碳交易、碳价格和碳上限对订单决策、碳排放和总成本的影响进行了分析和数值检验。Fang 等（2011）提出了一种考虑循环负荷、能耗和相关碳足迹的流水车间调度问题的数学规划模型，使用一个简单的案例研究来证明新模型；Rotz 等（2010）采用部分生命周期评价乳品生产系统碳足迹；Perry 等（2008）将废物和可再生能源结合起来，以减少地方综合能源部门的碳足迹。

　　Minx 等（2009）概述了多区域投入产出模型如何应用于碳足迹，数据包括国家排放清单和贸易、排放驱动、经济部门、供应链、组织、家庭消费和生活方式等。Wiedmann 等（2010）提出多区域投入产出（multiregional input-output，MRIO）框架模型，并根据构建的 MRIO 模型计算英国 1992～2004 年的碳足迹。

6.1.3　关键词共现

　　利用 Citespace 对外文文献的关键词进行共现分析，结果如图 6-3 所示。在关键词共现图谱中，关键词显示字体越大表示出现的次数越多，与各个关键词有更密切直接的关系。carbon footprint（碳足迹）是图谱中最大的节点。比较明显的关键词还有 life cycle assessment（生命周期评价）、greenhouse gas emission（温室气体排放）、energy consumption（能源消耗）、climate change（气候变化）、environmental impact（环境影响）、input output analysis（投入产出分析）、sustainability（可持续性）等。这些关键词很好地反映了碳足迹研究的相关理论基础和研究方向。

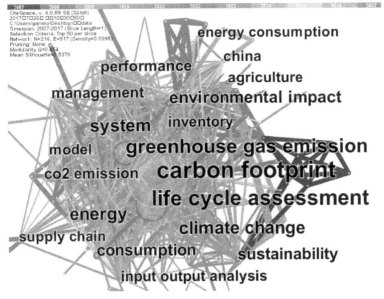

图 6-3　碳足迹外文文献关键词共现

　　从碳足迹中文文献关键词共现图（图 6-4）可以看出，碳足迹是最大的节点，其次是碳排放、生命周期评价、温室气体、能源消费、低碳经济、气候变化、农田生态系统等，呈现与图 6-3 较为相像的共现图，说明我国的研究紧跟国际趋势。另外，值得注意的是本章主要的关键词碳承载力、碳吸收、STIRPAT 模型等也出现在关键词共现图中。

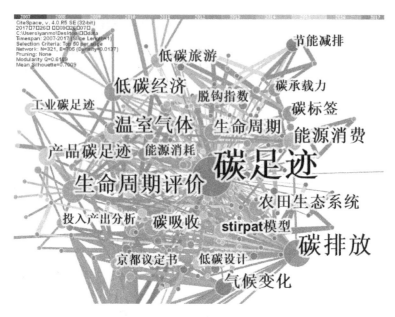

图 6-4　碳足迹中文文献关键词共现

值得注意的是生命周期评价作为应用最广的碳足迹分析方法，尤其适用于产品、部门等中小尺度的研究，其优势为变末端静态评估为生命周期动态评估，真正实现"从摇篮到坟墓"的过程全覆盖（方恺，2015）。投入产出分析（input output analysis，IOA）也是碳足迹重要的计算方法。尽管碳足迹已成为十分普及的碳排放指标，但其理论框架和核算方法仍有待完善。有研究者认为碳足迹应从质量单位向面积单位转换，以弥补自身环境信息不足的缺陷，更好地为制定气候政策提供依据。

6.1.4　碳足迹的应用

碳足迹在国外已广泛应用于水资源碳足迹（Andrew，2017）、能源碳足迹（Perry et al.，2008）、农作物生产碳足迹（Cheng et al.，2015）、城市或区域碳足迹（Lin et al.，2015）、牛肉与牛奶生产碳足迹（Florindo et al.，2017；Ruviaro et al.，2015）、产品碳足迹（An and Xue，2017）、家庭消费碳足迹（Sommer and Kratena，2017；Brizga et al.，2017）、物流碳足迹（Bortolini et al.，2016）、供应链碳足迹（Benjaafar et al.，2013）、旅游碳足迹（Hu et al.，2015）、家用面食炊具碳足迹（Cimini and Moresi，2017）等的核算。碳足迹采用的方法主要有 IPCC（Intergovernmental Panel on Climate Change，政府间气候变化专门委员会）法、准多区域投入产出模型、生命周期法等。

国内 2007 年开始引入碳足迹，其研究内容主要有国家产业部门碳足迹（曹淑艳和谢高地，2010）、农田碳足迹（段华平等，2011）、旅游业碳足迹（李鹏等，2010；王立国等，2011）、各省市如江苏省与北京市能源消费碳足迹计算及影响因素分析（焦文献等，2012；陈操操等，2014）、碳足迹与经济发展的脱钩分析（彭佳雯等，2011）及节能减排等，计算方法与国际接轨，但应用的范围和广度仍较为有限。

总体来看，国内外有关碳足迹、生态补偿量化方面的研究较多，但基于碳足迹的区域生态补偿标准研究较少（胡小飞，2015；胡小飞等，2017）。仅余光辉等（2012）以生态固碳与区域碳排放为切入点构建生态补偿模型，并对长株潭及其生态"绿心区"昭山示范区做生态补偿量化研究。本章对中部地区六省碳足迹与碳吸收量的动态变化进行估算，利用碳盈余/碳赤字来量化生态补偿标准，并揭示中部地区六省生态补偿标准的时空变异，为中部地区生态补偿的市场化实施及碳汇交易等提供一定科学依据。

6.2　数据获取与处理

6.2.1　数据来源

土地利用数据来自各省第二类土地调查；降水量、平均温度、能源消费量、农产品产量等数据均来自各省的统计年鉴和中国经济与社会发展统计数据库（CNKI中国知网，2017）；与《中国统计年鉴》《山西统计年鉴》《安徽统计年鉴》《江西统计年鉴》《河南统计年鉴》《湖北统计年鉴》《湖南统计年鉴》中的相应数据进行比较，保证数据来源准确。CO_2 排放因子数据来自《2006 年 IPCC 国家温室气体清单指南》（IPCC，2015）和《2005 年中国温室气体清单研究》（国家发展和改革委员会应对气候变化司，2014）。中部地区有部分年份缺少降水量与平均气温的数据，用该年份该省会城市的降水量与平均气温代替，两者相差不大，对总结果影响较小。中部地区主要农作物的碳吸收率（C_e）和经济系数（H）如表 6-2 所示。

表 6-2　中部地区主要农作物的碳吸收率（C_e）和经济系数（H）

作物名称	H	C_e	C_e/H	含水量	去除含水量
水稻	0.45	0.4144	0.9209	0.133	0.7984
小麦	0.4	0.4853	1.2133	0.125	1.0616
玉米	0.4	0.4709	1.1773	0.135	1.0183
薯类	0.65	0.4226	0.6502	0.133	0.5637
大豆	0.35	0.45	1.2857	0.125	1.1250

续表

作物名称	H	C_e	C_e/H	含水量	去除含水量
棉花	0.1	0.45	4.5000	0.083	4.1265
油菜籽	0.25	0.45	1.8000	0.09	1.6380
花生	0.43	0.45	1.0465	0.133	0.9073
甘蔗	0.5	0.45	0.9000	0.133	0.7803
烟草	0.55	0.45	0.8182	0.082	0.7511

6.2.2　计算模型

1. 碳足迹（碳排放）

$$CF = CF_n + CF_g + CF_a \tag{6-1}$$

式中，CF 为总碳足迹（t C/a）；CF_n 为能源消费碳足迹（t C/a）；CF_g 为工业生产碳足迹（t C/a）；CF_a 为农业生产碳足迹（t C/a）。

1）能源消费碳足迹

$$CF_n = \sum C_{ij} = \sum \sum E_{ij} \times K_j \times \alpha \tag{6-2}$$

式中，CF_n 为能源消费碳足迹（t）；C_{ij} 为各地区不同种类能源消耗产生的二氧化碳排放量（t）；E_{ij} 为各地区不同种类的能源消费量（t）；K_j 为不同种类的能源二氧化碳排放系数（t C/t），该系数来源于 IPCC 碳排放计算指南缺省值；α 为能源折标准煤系数（kg 标准煤/kg）。碳排放量计算主要选取原煤、洗精煤、其他洗煤、焦炭、原油、汽油等 9 种燃料进行计算（胡小飞，2015）。

2）工业生产碳足迹

$$CF_g = G_s \times D_s + G_g \times D_g \tag{6-3}$$

工业生产中水泥与钢材生产的碳排放量较大，仅计算其碳足迹。G_s 与 G_g 分别为水泥与钢材产量（t）；D_s 与 D_g 分别为水泥与钢材 CO_2 排放系数（t C/t）。水泥与钢材碳排放系数取自已公开发表文献（胡小飞，2015）。

3）农业生产碳足迹

主要计算化肥、农药、农膜及农田灌溉过程中所形成的碳排放：

$$CF_a = M_f \times A + M_y \times B + M_m \times C + M_g \times D + M_e \times F + M_j \times G \tag{6-4}$$

式中，M_f 为化肥使用量（t）；M_y 为农药使用量（t）；M_m 为农膜使用量（t）；M_g 为灌溉面积（hm^2）；M_e 为农作物种植面积（hm^2）；M_j 为农业机械总动力（kW）；$A=0.8956$t C/t，$B=4.9341$t C/t，$C=5.18$t C/t，$D=0.2665$t C/hm^2，$F=0.0165$t C/hm^2，$G=0.18$kg C/kW，系数取自公开发表文献（胡小飞，2015）。

2. 碳吸收量

$$CC = C_f + C_a + C_w \tag{6-5}$$

式中，CC 为碳吸收量（t C/a）；C_f 为植被固碳量（t C/a）；C_a 为农作物固碳量（t C/a）；C_w 为湿地固碳量（t C/a）。

1）植被碳吸收

$$C_f = 1.63 \times C_i \times R \times B_i \tag{6-6}$$

式中，C_f 为植被年碳吸收量（t C/a）；C_i 为植被面积（hm^2），包括森林、草地、城市绿地；R 为 CO_2 中碳的含量；B_i 为植被单位面积净初级生产力（net primary productivity，NPP）[t/(hm^2·a)]（胡小飞，2015）。

NPP 采用如下模型计算：

$$NPP = RDI^2 \times \frac{r(1 + RDI + RDI^2)}{(1 + RDI)(1 + RDI^2)} \times Exp(-\sqrt{9.87 + 6.25RDI}) \tag{6-7}$$

$$RDI_i = (0.629 + 0.237PER_i - 0.00313PER_i^2)^2 \tag{6-8}$$

$$PER_i = \frac{PET_i}{r_i} = \frac{58.93BT_i}{r_i} \tag{6-9}$$

式中，RDI_i 为 i 地区的辐射干燥度；PER_i 为可能蒸散量；r_i 为年降水量；BT_i 为年均温。在中部地区六省统计年鉴上查到中部六省的降水量与年均温数据并代入公式可以得到中部六省近年来自然植被 NPP。

2）农作物碳吸收

$$C_{ai} = \sum C_{ei} \times Y_{wi} / H_i \tag{6-10}$$

式中，C_{ai} 为 i 类农作物生育期对碳的吸收量（t C/a）；Y_{wi} 为 i 类作物的经济产量（t）；C_{ei} 为 i 类农作物通过光合作用合成的单位质量干物质需要吸收的碳（t C）；H_i 为 i 类作物的经济系数。本书仅对部分农作物如水稻、小麦、玉米、大豆、棉花、油菜籽、花生、甘蔗、烟草等的碳吸收进行估算（胡小飞，2015）。

3）湿地碳吸收

$$C_w = \sum Q_i \times S_i \tag{6-11}$$

湖泊湿地碳吸收系数取自公开发表文献中的东部平原地区，即 0.5667t C/(hm^2·a)，滩涂或沼泽的碳吸收系数取 0.4146t C/(hm^2·a)（胡小飞，2015）。C_w 为湿地固碳量（t）；Q_i 为第 i 种湿地类型面积（hm^2）；S_i 为第 i 种类型湿地碳吸收系数[t C/(hm^2·a)]。

3. 基于碳足迹的生态补偿额度

对碳足迹（碳排放量）与碳承载力（碳吸收量）进行计算与比较，如果某区域碳吸收量大于碳排放量，则该区域具有碳生态盈余，说明该区域不仅吸收本区域碳排放，而且吸收附近区域碳排放，应获得一定的生态补偿（胡小飞，2015）；反之则为碳生态赤字，应支付生态补偿。具体公式如下：

$$EC_i = (CC_i - CF_i) \times \lambda \times r \qquad (6\text{-}12)$$

式中，EC_i 为 i 省份获得或支付生态补偿额（万元）；CC_i 为 i 省份碳吸收量（t C/a）；CF_i 为 i 省份碳足迹（t C/a）；λ 为单位碳的价格，2015 年全国碳市场累计成交配额 3786 万 t，合计 10 亿元，取 96.85 元/t C，这与国际碳税价格 10～15 美元基本一致；r 为生态补偿系数，与区域的经济发展水平和人口等相关，本书取人均 GDP。

$$r = \frac{GDP_i}{GDP} \qquad (6\text{-}13)$$

式中，GDP_i 指第 i 省份人均 GDP；GDP 指中部地区人均 GDP。

4. 生态补偿优先级

$$\beta = \frac{CC_i - CF_i}{CC_i} \qquad (6\text{-}14)$$

当 $\beta \geq 0$ 时，该省处于碳平衡或碳盈余，指数越大，盈余越多，应当优先获得生态补偿资金；$\beta < 0$ 时，该省处于碳赤字，值越小碳赤字越严重，应当率先支付生态补偿资金。

6.3　中部地区碳足迹与碳吸收量动态变化

6.3.1　中部地区碳足迹动态变化

中部地区能源消费碳足迹 2000～2015 年呈快速增长趋势，年均增长率介于 6.36%～10.84%，增长率最高的是湖南省，最低的是安徽省（图 6-5）。河南省人口多，能源消费碳足迹始终位于中部地区前列，介于 5384.19 万～19717.33 万 t。山西省作为煤炭大省，能源消费碳足迹自 2002 年开始一直排名第二，湖北省排名第三。2000～2003 年，安徽省能源消费碳足迹高于湖南省，但自 2004 年起，湖南省的能源消费碳足迹超过安徽省，增长速率远高于安徽省，碳足迹量基本与湖北省持平。江西省能源消费碳足迹在中部地区中最低，介于 1703.17 万～5738.65 万 t，呈现逐年增长趋势，年均增长率为 8.44%。

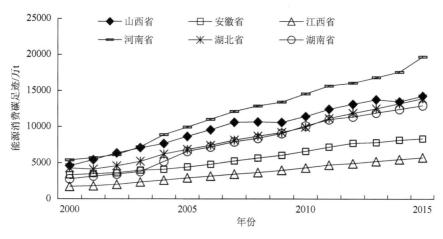

图 6-5　中部地区能源消费碳足迹动态变化

中部地区工业碳足迹呈快速增长趋势，河南省最高，介于 384.5 万～2293.43 万 t，平均 1280.69 万 t。其次是湖北省，年均碳足迹 986.06 万 t。其他省份为安徽省（901.32 万 t）>湖南省（786.99 万 t）>江西省（714.86 万 t）>山西省（683.94 万 t）。中部地区工业碳足迹江西省年均增长率最高，达 14.46%，其次是安徽省，为 13.46%；最低的是湖北省，年均增长率也达到 10.42%（图 6-6）。除山西省部分年份水泥碳足迹比重低于钢材比重外，其余省份均为水泥碳足迹比重高于钢材碳足迹比重，因此中部地区水泥碳足迹的变化趋势与工业碳足迹基本一致。

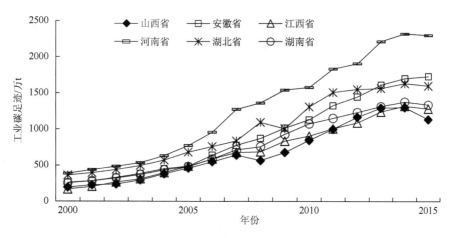

图 6-6　中部地区工业碳足迹动态变化

中部六省 2000～2015 年农业碳足迹呈增长趋势（图 6-7），河南省的农业碳足迹远高于其他五省，年均碳足迹达 764.47 万 t，年均增长率为 2.9%，主要是由于河南省农作物总播种面积大，农用化肥、农药与农膜使用量及农田有效灌溉面积均最高。湖北省与安徽省的农田碳足迹年均增长率分别为 1.86% 与 2.06%，年均值分别为 431.37 万 t 与 451.37 万 t。湖南省农田碳足迹排名第四（362.46 万 t）；江西省排名第五（229.27 万 t），年均增长率均为 2.02%；山西省农田碳足迹最低（168.66 万 t），但增长较快，研究期间年均增长率达 4.82%。

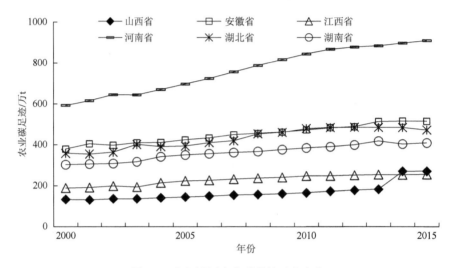

图 6-7　中部地区农业碳足迹动态变化

中部地区研究期间总碳足迹呈现与能源碳足迹相似的变化趋势（图 6-8），对中部地区六省总碳排放量贡献率最大的河南省，为碳排放高值区，年平均碳排放量达 13993.52 万 t C，主要是因为河南省在人口、经济、交通等方面具有

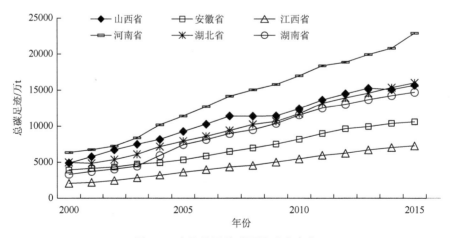

图 6-8　中部地区总碳足迹动态变化

很大优势；其次是山西省、湖北省、湖南省，年均碳排放量分别为 10837.70 万 t C、10003.63 万 t C 与 9104.37 万 t C，是碳排放中值区；安徽省与江西省为碳排放低值区，年均碳排放量分别为 7011.28 万 t C 与 4563.98 万 t C。研究期间河南省的碳排放量是的江西省的 3 倍。

在碳足迹的结构中，能源碳足迹占总碳足迹的比例为 77.72%～94.44%；其中山西省能源碳足迹占碳足迹的比例最高，介于 89.60%～94.44%；江西省能源碳足迹占碳足迹的比例最低，介于 77.72%～82.63%；安徽省介于 78.63%～83.84%；其余省份介于 82.89%～88.80%。除安徽省、江西省、河南省与湖南省的少数年份农业碳足迹高于工业碳足迹外，其余省份其余年份均是工业碳足迹高于农业碳足迹。能源消费增加是导致中部地区六省碳足迹增长的主要原因。

中部六省人均碳足迹也呈波动增长趋势（图 6-9），山西省的人均碳足迹最大，由 2000 年的 1.51t C 增长到 2015 年的 4.28t C，年均增长率为 7.19%。湖北省的人均碳足迹排名第二，平均值为 1.74t C；其余四省平均值为河南省（1.46t）＞湖南省（1.38t）＞安徽省（1.15t）＞江西省（1.03t）。

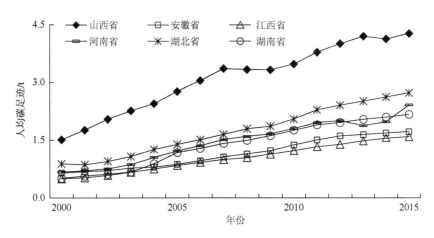

图 6-9　中部地区人均碳足迹动态变化

6.3.2　中部地区碳吸收量动态变化

中部地区碳吸收量呈波动变化趋势（图 6-10），主要是由于年降水量与年平均气温不同，植被 NPP 呈动态变化，导致虽然森林面积、城市绿地面积增长，但植被碳吸收量并未出现逐年增长的态势。中部地区六省碳吸收量差异明显，湖南省、江西省与河南省是中部地区碳吸收量高值区，16 年间碳吸收量的平均值分别为 8131.85 万 t、7746.26 万 t 与 7191.30 万 t（图 6-10）；湖北省与安徽省为中部地区碳吸收量中值区，两省的波动变化趋势不如高值区明显，年均增长率分别为

2.39%与1.53%。山西省因为森林面积少，农作物种植面积也少，对碳的吸收能力最低。

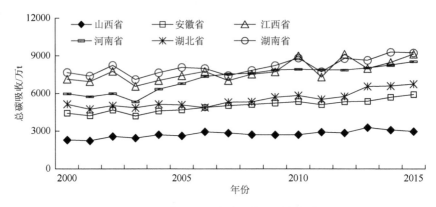

图6-10　中部地区总碳吸收量动态变化

江西省与湖南省的森林碳吸收量动态变化趋势基本一致，且江西省的碳吸收量高于湖南省，主要是两省平均气温与年降水量较接近；江西省森林面积大，森林覆盖率达63.1%，位居全国第二；湖南省的森林覆盖率稍低于江西，位居全国前列。其他四省的森林碳吸收能力分别为：湖北省＞安徽省＞河南省＞山西省（图6-11）。

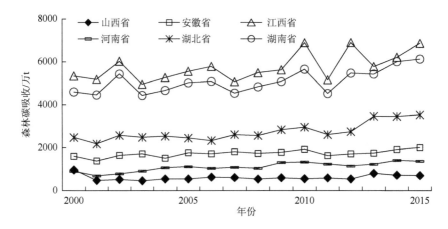

图6-11　中部地区森林碳吸收量动态变化

河南省的农作物碳吸收量最高，16年间农作物年均吸收碳5763.90万t，除2003年明显下降外（主要原因是2003年玉米、大豆、棉花、花生、稻谷等产量均下降较多），其余年份呈现逐年增长趋势，年均增长率2.36%；其次是安徽省，农作物年均碳吸收量为 3164.53 万 t；其他四省的农作物碳吸收能力分别为：湖南省＞湖北省＞江西省＞山西省（图 6-12）。

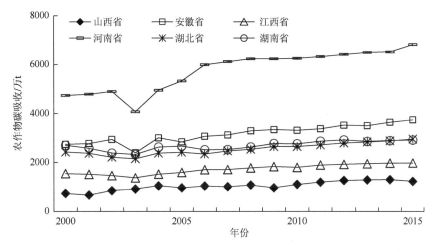

图 6-12　中部地区农作物碳吸收量动态变化

中部六省各种土地利用类型对碳吸收能力的贡献不同，江西省森林碳吸收的贡献力为中部地区最高，达到 71.43%～78.74%；湖南省与湖北省除了森林碳吸收量占主导地位外，农作物生长期碳吸收也分别占总碳吸收量的 31.44%～37.53%与43.69%～49.38%；因山西省草地面积较大，其碳吸收能力对总碳吸收的贡献率大于农作物；河南省森林面积少，但人口多，农作物种植面积大，其碳吸收比例远大于森林，所占比例达 77.53%～83.36%；安徽省也是农作物碳吸收所占比例最大。与森林与农作物面积相比，中部地区城市园林绿地面积、湿地面积相对较小，其碳吸收能力较小，所占比例也较低。

中部地区人均碳吸收量以江西省最高，呈波动变化状态，研究期间平均人均碳吸收量为 1.77t；其次是湖南省，为 1.24t。其余四省相差不大，平均值为湖北省（0.96t）＞安徽省（0.82t）＞山西省（0.80t）＞河南省（0.74t）。

6.4　中部地区生态补偿与社会经济分析

6.4.1　中部地区生态补偿标准时空格局

中部地区由于碳足迹与碳吸收量不同，表现出不同的碳盈余/赤字格局。2000～2002 年，中部地区出现碳盈余，随后一直出现碳赤字，且碳赤字不断增长。2000～2015 年江西省碳吸收量均大于碳足迹，表现为碳盈余，表明江西省除了吸收本区域排放的碳外，还吸收周边其他省份排放的碳，但研究期间碳盈余呈波动下降趋势，年均碳盈余为 3182.27 万 t。湖南省前期即 2000～2005 年有碳盈余，但呈逐年下降趋势，2006 年开始出现碳赤字，且随着时间的推移碳赤字数量越来越大，2006～2015 年年均碳赤字为 3275.57 万 t。安徽省仅前 3 年有少量碳盈余，随后出现赤字，年均碳赤字为 2541.13 万 t。山西省一直处于碳赤字状态，且碳赤字数额居中部地区之首，年均碳赤字达 8089.10 万 t，说明山西省在经济发展的同时要注重环境保护；其次是河南省，年均碳赤字 6802.22 万 t；碳赤字排名第三的是湖北省，年均碳赤字 4481.73 万 t。

与碳盈余/赤字的变化趋势相同，中部地区 2000～2002 年需要获得生态补偿金额 125.69 亿元，2003～2015 年需要支付生态补偿金额 3333.81 亿元。研究期间总体需要支付生态补偿金额。生态补偿优先级为：江西省＞湖南省＞安徽省＞湖北省＞河南省＞山西省。研究期间仅有江西省历年均有碳盈余，为中部地区生态环境的维护与平衡失去了很多机会成本导致经济发展较落后，要优先获得生态补偿金额，平均生态补偿优先级系数为 0.42，16 年间其固碳价值共需补偿 443.19 亿元，平均每年 27.70 亿元（图 6-13）。湖南省 2000～2005 年碳吸收量大于碳足迹，稍有盈余，但差值水平较低，需要第二优先级别获得生态补偿资金，2006～2015 年呈现碳赤字，但其赤字水平不高，研究期间平均生态补偿优先级系数为 -0.10。安徽省前期稍有碳盈余，后期出现赤字，但其经济发展水平在中部地区是最低的。如果仅考虑中部地区区域内的碳平衡与生态补偿，江西省、湖南省、安徽省要获得生态补偿资金，湖北省、河南省、山西省要支付生态补偿资金，支付生态补偿的优先级为山西省＞河南省＞湖北省。如果考虑周边东部发达省份，其对中部地区的补偿可按本书研究的生态补偿优先级。由谁对谁进行补偿、如何进行补偿是今后要深入研究的问题。

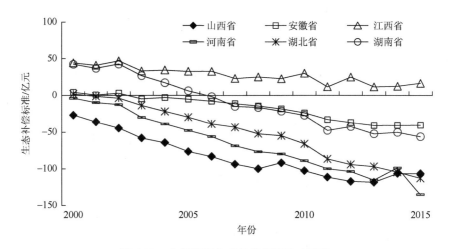

图 6-13　中部地区生态补偿标准动态变化

6.4.2　碳足迹与社会经济发展的相关性

1. 碳足迹的影响因素

本书引入 STIRPAT 模型来分析人类社会经济活动对碳足迹的影响，公式如下（陈操操等，2014）：

$$I = aP^b A^c T^d \mu \tag{6-15}$$

在对模型进行拟合回归分析前，首先对模型进行线性化处理得到：

$$\ln I = \ln a + b_1(\ln P) + b_2(\ln Ur) + c_1(\ln A) + c_2(\ln Exp) + d_1(\ln E)$$
$$+ d_2(\ln Ag) + d_3(\ln Id) + \ln \mu$$

式中，I 为人类活动对环境造成的影响，这里取碳足迹；人口因素，这里取人口总数量（P）与城镇化率（Ur）；富裕因素即经济因素，这里取人均 GDP（A）与城镇居民年人均消费支出（Exp）；技术因素，取单位 GDP 碳足迹（E）、第一产业比重（Ag）、第二产业比重（Id）；a、b、c、d 为待估参数；μ 为随机扰动项。GDP 取 2000 年的可比价。

将山西省历年数据取对数后进行逐步回归可得如表 6-3 结果，由结果可知山西省碳足迹受城市居民消费支出与山西省第二产业比重影响，该分析结果基本符合山西省实际。建立回归模型为：$Y = 1.008X_{Exp} + 0.789X_{Id} - 2.793$（表 6-4）。

表 6-3　山西省碳足迹线性回归模型汇总

模型	R	R^2	调整 R^2	标准估计的误差	Durbin-Watson
1	0.987[a]	0.974	0.972	0.06093	
2	0.996[b]	0.992	0.990	0.03578	1.688

a. 预测变量：（常量），山西省城市居民消费支出。
b. 预测变量：（常量），山西省城市居民消费支出，山西省第二产业比重。

表 6-4　山西省碳足迹线性回归模型系数

	模型	非标准化系数 B	标准误差	标准系数	t	Sig.	容差	VIF
1	（常量）	−0.583	0.432		−1.349	0.199		
	城市居民消费支出	1.112	0.049	0.987	22.722	0.000	1.000	1.000
2	（常量）	−2.793	0.491		−5.686	0.000		
	城市居民消费支出	1.008	0.035	0.894	28.865	0.000	0.677	1.476
	第二产业比重	0.789	0.150	0.163	5.254	0.000	0.677	1.476

将安徽省历年数据取对数后进行逐步回归可得如表 6-5 结果，由结果可知安徽省碳足迹受城市居民消费支出影响。其回归模型为：$Y=0.948X_{Exp}+0.354$（表 6-6）。

表 6-5　安徽省碳足迹线性回归模型

模型	R	R^2	调整 R^2	标准估计的误差	Durbin-Watson
1	0.998ᵃ	0.996	0.995	0.02350	1.499

a. 预测变量：（常量），安徽省城市居民消费支出。

表 6-6　安徽省碳足迹线性回归模型系数

	模型	非标准化系数 B	标准误差	标准系数	t	Sig.	容差	VIF
1	（常量）	0.354	0.149		2.382	0.032		
	城市居民消费支出	0.948	0.017	0.998	56.904	0.000	1.000	1.000

经过逐步回归分析后，由表 6-7 可知造成江西省碳足迹增长的主要驱动因素为城市居民消费支出、第二产业比重，该分析结果基本符合江西省发展实际。建立回归模型为：$Y=0.950X_{Exp}+0.460X_{Id}-1.828$，其中城市居民消费支出对碳排放量的影响大于第二产业比值的增长影响（表 6-8）。该回归模型与山西省的较为一致。

表 6-7　江西省碳足迹线性回归模型

模型	R	R^2	调整 R^2	标准估计的误差	Durbin-Watson
1	0.996ᵃ	0.991	0.991	0.04055	
2	0.998ᵇ	0.997	0.996	0.02628	1.256

a. 预测变量：（常量），江西省城市居民消费支出。
b. 预测变量：（常量），江西省城市居民消费支出，江西省第二产业比重。

表 6-8　江西省线性回归模型系数

	模型	非标准化系数 B	标准误差	标准系数	t	Sig.	容差	VIF
1	（常量）	−1.466	0.246		−5.960	0.000		
	城市居民消费支出	1.110	0.028	0.996	39.927	0.000	1.000	1.000
2	（常量）	−1.828	0.178		−10.244	0.000		
	城市居民消费支出	0.950	0.040	0.852	23.899	0.000	0.205	4.871
	第二产业比重	0.460	0.102	0.161	4.510	0.001	0.205	4.871

经过逐步回归分析后，由表 6-9 可知造成河南省碳足迹增长的主要驱动因素为碳足迹强度与人均 GDP，建立回归模型为：$Y=1.012X_E+1.016X_A-0.217$，碳足迹强度与人均 GDP 对碳足迹的影响基本一致（表 6-10）。

表 6-9　河南省碳足迹线性回归模型

模型	R	R^2	调整 R^2	标准估计的误差	Durbin-Watson
1	0.992[a]	0.983	0.982	0.05551	
2	1.000[b]	1.000	1.000	0.00436	1.195

a. 预测变量：（常量），河南省碳足迹强度。
b. 预测变量：（常量），河南省碳足迹强度，河南省人均 GDP。

表 6-10　河南省碳足迹线性回归模型系数

模型		非标准化系数 B	标准误差	标准系数	t	Sig.	容差	VIF
1	（常量）	8.349	0.042		201.143	0.000		
	碳足迹强度	1.607	0.056	0.992	28.697	0.000	1.000	1.000
2	（常量）	−0.217	0.180		−1.206	.249		
	碳足迹强度	1.012	0.013	0.625	76.333	0.000	0.110	9.103
	人均 GDP	1.016	0.021	0.389	47.533	0.000	0.110	9.103

经过逐步回归分析，由表 6-11 可知造成湖北省碳足迹增长的主要驱动因素为碳足迹强度、人均 GDP。碳足迹强度增长 1 个单位，碳足迹增长 1.030 个单位；人均 GDP 增长 1 个单位，碳足迹增长 1.016 个单位。湖北省碳足迹影响因素的回归模型为：$Y=1.030X_E+1.016X_A-0.723$（表 6-12）。回归模型与河南省的较为一致。

表 6-11　湖北省碳足迹线性回归模型

模型	R	R^2	调整 R^2	标准估计的误差	Durbin-Watson
1	0.989[a]	0.978	0.977	0.06237	
2	1.000[b]	1.000	1.000	0.00541	2.489

a. 预测变量：（常量），湖北省碳足迹强度。
b. 预测变量：（常量），湖北省碳足迹强度，湖北省人均 GDP。

表 6-12　湖北省碳足迹线性回归模型系数

模型		非标准化系数 B	标准误差	标准系数	t	Sig.	容差	VIF
1	（常量）	7.841	0.054		145.645	0.000		
	碳足迹强度	1.799	0.072	0.989	25.128	0.000	1.000	1.000
2	（常量）	−0.723	0.199		−3.627	0.003		
	碳足迹强度	1.030	0.019	0.566	54.376	0.000	0.108	9.296
	人均 GDP	1.016	0.024	0.447	42.960	0.000	0.108	9.296

2. 碳足迹与社会经济发展的脱钩分析

1）脱钩指数

$$DI = \frac{CF}{CG} \qquad (6-16)$$

式中，DI 为脱钩指数；CF 为总碳足迹增长速度；CG 为 GDP 增长速度。当 DI≥1 时，说明碳足迹增长速度快于或等于经济增长速度，两者处于扩张性负脱钩阶段；0<DI<1 时，说明碳足迹增长速度小于经济增长速度，处于弱脱钩阶段；DI≤0 时，如果 CG 为负而 CF 为正，说明碳足迹与经济增长处于强负脱钩阶段，如果 CG 为正而 CF 为负，则两者处于强脱钩阶段（图 6-14）（彭佳雯等，2011）。GDP 以 2000 年为准换算为可比价。

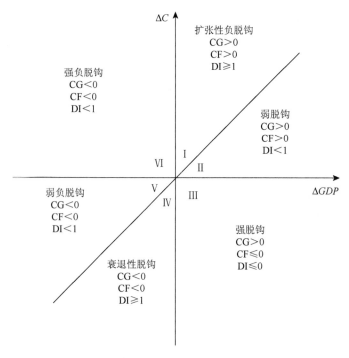

图 6-14　经济增长与碳足迹脱钩模型（彭佳雯等，2011））

2）脱钩分析

从总体来看，2001～2015 年中部地区六省碳足迹总量与 GDP 呈正相关关系，碳足迹增长与经济增长基本处于稳定状态。其中，山西省经济增长与碳足迹处于扩张性负脱钩–弱脱钩、强脱钩的波动状态，2014 年因为碳足迹处于负增长使得山西省为强脱钩状态，2015 年因为经济增长速率较低导致其处于扩张性负脱钩状态（表 6-13）。

表 6-13　山西省 2001~2015 年碳足迹与经济增长脱钩评价

年份	GDP 变化率	碳足迹变化率	脱钩指数	评价结果
2001	10.10	17.68	1.75	扩张性负脱钩
2002	12.90	16.41	1.27	扩张性负脱钩
2003	14.90	11.42	0.77	弱脱钩
2004	15.20	9.07	0.60	弱脱钩
2005	12.60	13.49	1.07	扩张性负脱钩
2006	11.80	10.92	0.93	弱脱钩
2007	14.40	10.87	0.75	弱脱钩
2008	8.10	−0.20	−0.02	强脱钩
2009	5.50	0.42	0.08	弱脱钩
2010	13.90	8.84	0.64	弱脱钩
2011	13.00	9.54	0.73	弱脱钩
2012	10.10	6.34	0.63	弱脱钩
2013	8.90	5.31	0.60	弱脱钩
2014	4.90	−1.22	−0.25	强脱钩
2015	3.10	4.04	1.30	扩张性负脱钩

安徽省除 2003 年为扩张性负脱钩状态外，其余年份均为弱脱钩状态（表 6-14），说明安徽省经济总量虽然较低，但随着经济的快速发展，碳减排压力在不断增加。

表 6-14　安徽省 2001~2015 年碳足迹与经济增长脱钩评价

年份	GDP 变化率	碳足迹变化率	脱钩指数	评价结果
2001	8.60	5.33	0.62	弱脱钩
2002	8.90	4.15	0.47	弱脱钩
2003	9.20	9.76	1.06	扩张性负脱钩
2004	12.50	3.96	0.32	弱脱钩
2005	11.80	7.89	0.67	弱脱钩
2006	12.90	10.02	0.78	弱脱钩
2007	13.90	10.33	0.74	弱脱钩
2008	12.70	7.71	0.61	弱脱钩
2009	12.90	7.69	0.60	弱脱钩
2010	14.60	8.99	0.62	弱脱钩
2011	13.50	9.68	0.72	弱脱钩
2012	12.10	7.36	0.61	弱脱钩
2013	10.40	2.94	0.28	弱脱钩
2014	9.20	4.45	0.48	弱脱钩
2015	8.70	2.15	0.25	弱脱钩

江西省除 2002～2003 年、2005 年为扩张性负脱钩外，其余年份均为弱脱钩状态（表 6-15），一方面说明近年来江西经济发展速度很快，另一方面说明江西省碳吸收资源虽然很丰富，但碳减排压力也在增加。

表 6-15 江西省 2001～2015 年碳足迹与经济增长脱钩评价

年份	GDP 变化率	碳足迹变化率	脱钩指数	评价结果
2001	8.80	5.95	0.68	弱脱钩
2002	10.50	12.60	1.20	扩张性负脱钩
2003	13.00	15.18	1.17	扩张性负脱钩
2004	13.20	13.12	0.99	弱脱钩
2005	12.83	13.12	1.02	扩张性负脱钩
2006	12.30	9.90	0.80	弱脱钩
2007	13.20	9.06	0.69	弱脱钩
2008	13.20	5.53	0.42	弱脱钩
2009	13.10	9.63	0.74	弱脱钩
2010	14.00	8.89	0.64	弱脱钩
2011	12.50	9.00	0.72	弱脱钩
2012	11.00	4.88	0.44	弱脱钩
2013	10.10	7.25	0.72	弱脱钩
2014	9.70	5.04	0.52	弱脱钩
2015	9.10	3.22	0.35	弱脱钩

河南省除 2003～2004 年为扩张性负脱钩状态外，其余年份为弱脱钩状态（表 6-16），主要是因为河南省经济增长速度快于碳足迹的增长速度。

表 6-16 河南省 2001～2015 年碳足迹与经济增长脱钩评价

年份	GDP 变化率	碳足迹变化率	脱钩指数	评价结果
2001	9.10	5.98	0.66	弱脱钩
2002	9.50	7.55	0.80	弱脱钩
2003	10.70	15.58	1.46	扩张性负脱钩
2004	13.70	21.60	1.58	扩张性负脱钩
2005	14.30	11.99	0.84	弱脱钩
2006	14.40	11.44	0.79	弱脱钩
2007	14.60	11.30	0.77	弱脱钩
2008	12.10	6.31	0.52	弱脱钩

续表

年份	GDP 变化率	碳足迹变化率	脱钩指数	评价结果
2009	10.90	4.91	0.45	弱脱钩
2010	12.50	7.66	0.61	弱脱钩
2011	11.90	8.13	0.68	弱脱钩
2012	11.50	2.63	0.23	弱脱钩
2013	9.00	5.65	0.63	弱脱钩
2014	8.90	7.52	0.84	弱脱钩
2015	8.30	6.99	0.84	弱脱钩

　　湖北省除 2001 年为强脱钩状态，2002～2004 年为扩张性负脱钩状态外，其余年份均为相对脱钩即弱脱钩状态（表 6-17），说明湖北省碳足迹增长的主要因素是经济增长，经济增长与碳排放处于初级协调状态，碳足迹有待于降低，以便达到理想的协调发展状态。

表 6-17　湖北省 2001～2015 年碳足迹与经济增长脱钩评价

年份	GDP 变化率	碳足迹变化率	脱钩指数	评价结果
2001	8.60	−2.40	−0.28	强脱钩
2002	9.20	10.33	1.12	扩张性负脱钩
2003	9.70	13.58	1.40	扩张性负脱钩
2004	11.50	17.55	1.53	扩张性负脱钩
2005	12.10	10.71	0.89	弱脱钩
2006	13.20	8.42	0.64	弱脱钩
2007	14.60	9.29	0.64	弱脱钩
2008	13.40	9.06	0.68	弱脱钩
2009	13.20	4.05	0.31	弱脱钩
2010	14.80	10.03	0.68	弱脱钩
2011	13.80	12.28	0.89	弱脱钩
2012	11.30	5.73	0.51	弱脱钩
2013	10.10	4.67	0.46	弱脱钩
2014	9.70	5.29	0.55	弱脱钩
2015	8.90	4.30	0.48	弱脱钩

　　湖南省 GDP 与碳足迹除 2001 年、2003～2005 年为扩张性负脱钩状态外，其余年份均为弱脱钩状态（表 6-18）。说明经济发展依赖碳排放，碳足迹与经济增长

之间未达到相对协调状态。随着社会经济的快速发展，伴随碳足迹的增长，碳减排压力也在增加，有待进一步降低。

表 6-18　湖南省 2001～2015 年碳足迹与经济增长脱钩评价

年份	GDP 变化率	碳足迹变化率	脱钩指数	评价结果
2001	9.00	12.18	1.35	扩张性负脱钩
2002	9.00	8.79	0.98	弱脱钩
2003	9.60	10.03	1.04	扩张性负脱钩
2004	12.00	33.06	2.76	扩张性负脱钩
2005	11.60	25.08	2.16	扩张性负脱钩
2006	12.10	9.47	0.78	弱脱钩
2007	14.50	10.35	0.71	弱脱钩
2008	12.80	6.05	0.47	弱脱钩
2009	13.60	8.86	0.65	弱脱钩
2010	14.50	11.48	0.79	弱脱钩
2011	12.80	8.41	0.66	弱脱钩
2012	11.30	3.87	0.34	弱脱钩
2013	10.10	5.04	0.50	弱脱钩
2014	9.50	4.11	0.43	弱脱钩
2015	8.50	3.31	0.39	弱脱钩

总之，中部地区六省碳足迹、碳吸收量、脱钩状态存在明显的区域性差异，可运用碳排放权市场化交易机制，促进碳排放资源的区域间进行公平分配，有利于降低节能减排成本。

6.5　小　　结

本章通过构建碳足迹与碳吸收量模型，对中部六省的碳源和碳汇功能进行估算，分析其碳排放与碳吸收的空间变异，计算区域间与区域内的生态补偿量，得出以下主要结论。

（1）中部地区 2000～2015 年碳足迹：河南省＞山西省＞湖北省＞湖南省＞安徽省＞江西省，呈现北方大于南方的规律；碳吸收量：湖南省＞江西省＞河南省＞湖北省＞安徽省＞山西省，分布具有北方低、南方高的特点。研究期间中部地区碳足迹快速增长，能源消耗增加是其主要原因；碳吸收量呈波动变化趋势，森林、草地与农作物是主要的碳汇。河南省与山西省对中部地区总碳足迹贡献率大，江西省与湖南省碳吸收能力强。江西省碳吸收量始终高于碳足迹，为净碳盈余省份，山西省、河南省与湖北省碳足迹始终高于碳吸收量，为净碳赤字省份。

（2）研究前期江西省、湖南省、安徽省需要获得生态补偿资金，其中江西省生态补偿优先级最高，研究后期仅江西省要获得生态补偿，研究期间江西省共需获得生态补偿资金 443.19 亿元，年均 27.70 亿元。考虑中部地区区域内碳平衡，江西省、湖南省、安徽省优先获得生态补偿资金，山西省、河南省与湖北省优先支付生态补偿资金。

（3）2001～2015 年中部地区六省碳足迹总量与 GDP 呈正相关关系，碳足迹增长与经济增长基本处于稳定状态。大多省份大多年份均为弱脱钩状态，说明碳足迹增长主要是由于经济发展，碳足迹与经济增长之间未达到优质协调状态，碳减排压力在增加，有待进一步降低碳足迹。

本章主要结果对于中部地区"十三五"规划中新提出的"一中心、四区"战略定位中的建设"全国生态文明建设示范区"具有较好的现实意义，可为中部地区生态补偿与利益平衡机制的建立提供科学依据。但本书以碳盈余或碳赤字确定生态补偿标准还存在一些不足，如中部地区为能源特别是煤炭净输出区域，能源输出后在其他地区消费，但所参考论文仅计算能源消费总量足迹。碳足迹仅考虑计算了能源消费、工业生产中的水泥与钢材，农业生产中的化肥、农药、农膜及农田灌溉过程中所形成的碳排放，未计算畜牧业、固体废弃物与废水等的碳排放。而碳吸收量仅对森林、草地、城市绿地、湿地和部分农作物如水稻、小麦、玉米、大豆、棉花、油菜籽、花生、甘蔗、烟草等的碳吸收进行估算，每个省份的植被如森林、草地、城市绿地采用各自相同的 NPP，均会对计算结果的准确性有影响。

经济发展能源消耗的快速增长是促进碳足迹持续增加的主要因素，节能降耗、提高生产资料利用率是抑制碳足迹的关键因素，经济结构的优化在一定程度上可以抑制碳足迹。为此，山西省需要采取措施减少煤炭作为能源的消费与减少农药使用量，同时提高玉米的种植面积及森林与草地面积以增加其碳吸收量。安徽省工业与农业生产导致的碳赤字较高，一方面可减少化肥、农膜的使用量，降低钢材与水泥生产碳排放，另一方面可增加碳吸收率较高的棉花、油菜、大豆、小麦及玉米的种植面积，提高碳吸收量。江西省全省列为国家生态文明试验区，可通过减少农膜的使用量与降低农业机械总动力等措施来减少碳排放，还可通过政策、资金、项目与技术等方式进行获得补偿。河南省作为我国重要的农产品产区之一，小麦产量居全国首位，棉花、油料、烟叶等产量也居全国前列，可增加碳吸收率较高的棉花、油菜、小麦的种植面积。湖北省可通过减少农药、化肥的使用量来减少碳排放，增加棉花、油料、大豆、小麦等碳吸收率较高农作物的种植面积来增加碳吸收量。湖南省森林覆盖率较高，可通过减少农膜的使用量与降低农业机械总动力来减少碳排放，通过增加油料、大豆等作物种植面积来增加碳吸收量。

另外，中部五省（江西省除外）可以通过碳补偿市场来解决以 CO_2 为代表的温室气体减排路径，将 CO_2 排放权在市场上进行交易，可通过资金购买其他碳盈余区域如江西省的碳排放额或投资碳吸收项目。同时，中部地区六省要加大淘汰落后产能力度，通过技术改造与技术创新提升传统产业，大力培育发展战略性新兴产业，引进技术含量高、市场前景好的企业，培育壮大一批能够带动转型升级的重点产业。

碳足迹是足迹家庭的一部分，如何整合生态足迹、水足迹与碳足迹确定生态补偿标准，其相关性如何，有待于进一步研究。随着全球变暖与低碳研究的不断深入，投入的人力、物力、财力不断增多，科技含量也不断提高，碳吸收量与碳排放的计算更加科学合理。如何将生态保护政策与减少碳排放及改善全球气候行动等结合起来，按"谁受益、谁补偿"的原则，逐步建立政府引导、市场推进、社会参与的生态补偿机制，是当前与以后的研究重点（胡小飞，2015）。

第7章 基于水足迹的中部地区生态补偿标准及时空格局

水资源可持续利用是当前的生态环境领域的研究热点。水足迹是测量水资源可持续利用的重要方法，是指某个国家、地区或个人在某段时间内消费的所有服务与产品需要消耗的水资源数量（胡小飞，2015）。该概念是在 Hoekstra"虚拟水"和"生态足迹"的基础上提出的，分为国家水足迹和个人水足迹两部分，其中国家水足迹指用于工业、农业和家庭生活的各种水资源量，个人水足迹指一个人用于生产和消费的总水资源量（Hoekstra and Chapagain，2007）。随后国内外学者对水足迹开展了一系列研究，方法体系日趋完善。本章对中部地区水足迹进行计算与分析，揭示其生态补偿的时空格局，对于中部地区水资源的可持续发展具有重要意义。

7.1 水足迹的文献计量

中文文献以 CNKI 数据库为文献来源，检索式为（核心期刊=Y 或者 CSSCI 期刊=Y）并且（题名=水足迹），论文发表年限为所有年，共检索到 179 篇期刊文献。英文文献在 Web of Science 核心合集中进行检索，子库选择 Science Citation Index Expanded（SCI-EXPANDED）与 Social Sciences Citation Index（SSCI）（检索时间为 2017 年 7 月 23 日），检索途径为 title。检索式为：title=（water footprint*），论文发表年限为所有年，共检索出 430 篇文献，其中研究论文（Article）379 篇，综述（Review）15 篇，会议论文（Proceedings Paper）7 篇，编辑材料（Editorial Material）15 篇，信函（Letter）11 篇等，除去 3 篇纠错（Correction），共计 427 篇计入结果。用 NoteExpress 与 Excel 做数据的统计分析，运用美国 Drexel 大学陈超美教授开发的知识图谱可视化分析软件 Citespace 绘制共现网络图，展示水足迹研究领域的动态和发展趋势。

7.1.1 文献数量与分布

中国最早于 2005 年发表水足迹的中文核心论文，2006 年下降，随后呈现波动上升趋势，2014 年发表论文数量达到最高峰（图 7-1）。被 SCIE、SSCI 收录的水足迹的外文文献最早发表于 2006 年，而后波动快速增长，2016 年达到最高峰 81 篇，2017 年因未收录齐全表现为下降趋势（图 7-1）。国内外水足迹论文发表的总体趋势基本一致（图 7-1）。

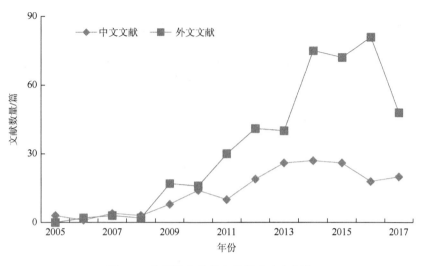

图 7-1　水足迹中外文文献发表动态变化

外文文献以中国发文量最多，达 94 篇；其次是新西兰，为 85 篇；美国排名第三，为 78 篇。其他国家都在 34 篇以下。

如表 7-1 所示，外文发文量排名前七的有三种期刊与碳足迹发表期刊一致，分别是 *Journal of Cleaner Production*、*Environmental Science and Technology* 与 *Sustainability*，除 *Sustainability* 的影响因子为 1.789 外，其余两种的影响因子都很高。发文量排名第二的是 *Ecological Indicators*，是环境科学领域的一区期刊，影响因子为 3.898，该期刊的办刊宗旨是将生态环境指标的监测和评估与管理实践相结合，提供理论研究、建模和定量方法的平台，每年出版 4 期，为季刊。

表 7-1　水足迹发文量较多的中外文期刊

序号	期刊名称	文献篇数	2016 年影响因子
1	*Journal of Cleaner Production*	52	5.715（一区）
2	*Ecological Indicators*	29	3.898（一区）
3	*Water*	24	1.832（二区）
4	*Sustainability*	21	1.789（三区）
5	*Environmental Science and Technology*	18	6.198（一区）
6	*Science of the Total Environment*	17	4.900（一区）
7	*Water Resources Management*	17	2.848（一区）
8	生态学报	13	
9	资源科学	11	
10	中国人口·资源与环境	10	
11	环境科学学报	10	

外文文献以 Twente 大学发文量最多，达 67 篇，中国科学院、北京师范大学、北京林业大学发文量居 2～4 位，发文量介于 11～22 篇（图 7-2）。

CiteSpace, v. 5.1.R5 SE (32-bit)
2017年8月9日 上午09时58分01秒
WoS: E:\huxiaofei\water footprint\data
Timespan: 2005-2017 (Slice Length=1)
Selection Criteria (c, cc, ccv): 2, 2, 20; 4, 3, 20; 4, 3, 15, LRF=2, LBY=8, e=2.0
Network: N=24, E=20 (Density=0.0725)
Largest CC: 18 (75%)
Nodes Labeled: 5.0%
Pruning: None

Univ Chinese Acad Sci

Beijing Forestry Univ

Beijing Normal Univ

Chinese Acad Sci

Northwest A&F Univ Univ Twente

Univ Calif Santa Barbara

Arizona State Univ

图 7-2　水足迹外文期刊论文发文机构分布

7.1.2　高被引论文

在 Web of Science 核心合集检索时发现有 18 篇高被引论文，这些高被引论文的研究内容主要有：Chapagain 等（2006）研究了全球 2006 年棉花消费的水足迹，评价世界棉花产品消费对棉花生产国水资源影响。Hoekstra 和 Chapagain（2007）研究了 1997～2001 年不同国家因为人们消费习惯不同而产生了不同的水足迹，全球平均为 1240m³/a，其中美国平均水足迹为 2480m³/a，中国为 700m³/a，水足迹受消费品数量、消费模式、气候、农业生产等影响。Gerbens-Leenes 等（2009a）评估了水足迹的各种主要能源载体生物质为生产单位能源消耗的水量，观察原发性生物能源载体的具体类型和差异。水足迹依赖于作物类型、农业生产系统和气候；荷兰、美国、巴西和津巴布韦的生物能源的水足迹比化石能源的水足迹要大得多；生物量的水足迹是其他主要能源载体（不包括水力发电）的水足迹的 70～400 倍，随着能源利用量的增加和生物质能源的不断增加，淡水的需求将扩大。Gerbens-Leenes 等（2009b）提出了目前贡献最大的全球农业生产生物能源，如大麦、木薯、玉米、马铃薯、油菜、水稻、黑麦、高粱、大豆、甜菜、甘蔗、小麦及麻疯树的能源足迹，该项研究的结果有助于以最有效的方式选择作物和生产生物能源的国家。

Mekonnen 和 Hoekstra（2011）评价了全球 126 种作物在 1996～2005 年的蓝、绿和灰水足迹，中国水足迹为 $12.01 \times 10^{12} m^3/a$，其中绿水足迹为 $7.1 \times 10^{12} m^3/a$，蓝水足迹为 $1.4 \times 10^{12} m^3/a$，灰水足迹为 $3.5 \times 10^{12} m^3/a$；Chapagain 和 Hoekstra（2011）从生产与消费的视角研究了稻米的蓝水、绿水和灰水足迹，结果为稻米平均水足迹为 $1325m^3/t$，其中 48% 为绿水，44% 为蓝水，8% 为灰水。Hoekstra 和 Mekonnen（2012）对全球在 1996～2005 年的平均水足迹进行了研究，结果表明，全球平均水足迹为 $9087Gm^3/a$（其中 74% 为绿水，11% 为蓝水，15% 为灰水），农业生产消耗水足迹占 92%，全球平均水足迹为 $1385m^3/a$，美国为 $2842m^3/a$，中国为 $1071m^3/a$，谷物占水消费总量的 27%，肉类占 22%，奶产品占 7%。Mekonnen 和 Hoekstra（2012）综合考虑了动物产品的水足迹，考虑了不同的生产系统和每种动物及国家的饲料成分，认为世界上近三分之一的农业总水足迹与动物产品的生产有关，任何动物产品的水足迹都大于具有同等营养价值的作物产品的水足迹。牛肉每卡路里的平均水足迹是谷物和淀粉根的 20 倍。牛奶、鸡蛋和鸡肉每克蛋白质的水足迹是豆类的 1.5 倍。畜产品的饲料转化率低是造成动物产品相对较大的水足迹的主要原因。全球肉类消费的增加和动物生产系统的加强将在未来几十年对全球淡水资源造成进一步的压力。研究表明，从淡水的角度来看，放牧系统的动物产品比工业系统的产品具有更小的蓝色和灰色的水足迹，通过作物产品获得热量、蛋白质和脂肪比动物产品更有效。Hoekstra 等（2012）分析了全球 405 个大流域 1996～2005 年的蓝水足迹，结果表明其中 201 个拥有 26.7 亿万居民的流域每年至少有一个月出现严重缺水现象。

Feng 等（2011）比较了计算水足迹的两种方法——自下而上和自上而下，研究比较和讨论其优点和局限性；并于 2012 年开发了一个多区域投入产出模型（MRIO）评估黄河流域上中下游的绿水和蓝水的虚拟水流动，以及农村和城镇居民的水足迹。结果表明，流域上中下游均是虚拟水净出口区域，下游为最缺水的地区，应从南方增加水密集型产品的进口，如灌溉农作物和加工食品，虚拟水的交易有助于维持流域内各区域的经济增长，从而缓解缺水的压力。城市居民的平均水足迹是流域农村家庭水足迹的两倍多，主要是由于城市居民的用水密集型商品和服务，如加工食品、服装和鞋类，酒店及餐饮服务和电力消费（Feng et al.，2012）。Chen 等（2013）基于多区域投入产出模型，对 2004 年世界虚拟水剖面进行了研究，计算了 112 个国家级地区的水足迹，分析了主要用水用户的足迹组成，结果表明尽管总排水量的 69% 与农业部门有关，但全球虚拟需水量不到 35% 是由农产品提供的。印度、美国和中国大陆是世界上最大的虚拟水消费地区，人均水足迹从中南非洲的 $30m^3$ 到卢森堡的 $3290m^3$ 不等。Wang 等（2013）通过投入产出模型与跨部门水流相结合，提出了一种改进的投入产出模型计算北京 2002 年和 2007 年直接水足迹、间接水足迹和总水足迹强度及不同行业的水足迹总量，结果表明这些年的农业和工业用水足迹有所下降，水资源短缺是北京的主要问题。北京是一个净水输入城市，在水资源利用效率上高于中国其他省份。Zhang 和 Anadon（2014）运用多区域投入产出分析中国国内虚拟水贸易和省级水足迹，研究结果表明，2007 年国内贸易中的虚拟取水和消费分别为 1840 亿 m^3 和 1010 亿 m^3，分别相当于全国淡水总采水量和消费量的 38% 和 39%，北京、天津、上海和重庆四大城市水足迹严重依赖于其他省份的虚拟水流入。

Noori 等（2015）建立了美国电动汽车成本、排放和水足迹的区域优化模型。Manzardo 等（2016）应用水足迹网络和 ISO 14046 这两种不同水足迹方法比较了不同食品包装替代品的经验教训。Hoekstra 等（2016）对产品生命周期评价中整合水足迹的方法进行批判，建议将全球淡水资源缺乏这一主题纳入全球"自然资源枯竭"范畴。由于全球淡水需求正在增长，而全球淡水供应有限，因此，衡量全球可利用和有限的淡水流向不同产品的比较需求是关键。Galli 等（2012）首次将"足迹家族"定义为生态足迹、碳足迹和水足迹等一系列指标，以跟踪地球和不同角度下人类的压力，论文描述了生态足迹、碳足迹和水足迹的研究问题、基本原理和方法，强调三个指标之间的相似点和不同点及三个指标是如何相互重叠、相互作用和相互补充的。此后，利用足迹家族开展生态评价成为当前的研究热点。

7.1.3　关键词共现

利用 Citespace 对关键词进行共现分析，如图 7-3 所示。water footprint（水足迹）是图谱中最大的节点。比较明显的关键词还有 life cycle assessment（生命周期评价）、virtual water（虚拟水）、consumption（消费）、resource（资源）、trade（趋势）、impact（影响）等。这些关键词很好地反映了水足迹研究的相关理论基础。城市水资源可持续发展、食品消费与食品废物、区域可持续发展、环境目标等是当前的研究方向。

中文关键词出现较多的除"水足迹"外，还有"虚拟水""水资源""水足迹结构""水资源利用""空间自相关""蓝水足迹""水资源评价""玉米""生态足迹""多区域投入产出分析"等。

7.1.4　水足迹应用

国内水足迹的研究最早出现于 2005 年，其研究内容主要侧重在水足迹概念及计算方法介绍、面对不同区域（或流域）的水足迹或对某类产品的虚拟水进行计量分析（马静等，2005；王新华等，2005）。如各学者分别对中国水足迹（马静等，2005；王新华等，2005）、甘肃省水足迹（龙爱华等，2005）、山西省水足迹（余

CiteSpace, v. 5.1.R5 SE (32-bit)
2017年8月9日 上午09时25分47秒
WoS: E:\huxiaofei\water footprint\data
Timespan: 2005-2017 (Slice Length=1)
Selection Criteria (o, co, cov): 2, 2, 20; 4, 3, 20; 4, 3, 15, LRF=2, LBY=8, e=2.0
Network: N=133, E=643 (Density=0.0733)
Largest CC: 129 (96%)
Nodes Labeled: 5.0%
Pruning: None
Modularity Q=0.3488
Mean Silhouette=0.383

impact

resource

#5 changing sustainable urban water supplies
#4 food consumption
virtual water
#0 food waste
water footprint #2 irrigation district
consumption
#1 environmental objective
#3 regional sustainability analysis
trade
#6 unequal exchange
life cycle assessment

图 7-3　水足迹外文文献关键词共现

灏哲和韩美，2017）、北京市水足迹（陈俊旭等，2010）、上海和重庆水足迹（邓晓军等，2014）、环鄱阳湖区水足迹（傅春等，2011）、棉花消费水足迹（邓晓军等，2009）、中国畜牧业水足迹（虞祎等，2012）进行了计算和分析。近年来也有学者对水足迹的影响因素进行了研究（曹学锋，2017）。应用的方法主要有多区域投入产出方法、传统水足迹法等。

耿涌等（2009）首次运用水足迹理论和方法，通过流域沿岸各区域水生态系统服务的耗费情况来分析水生态系统的安全状态，提出流域生态补偿标准定量测算模型，达到准确量化流域生态补偿额度的目标，并且以碧流河为案例，对碧流河沿岸各行政区 2002～2006 年水足迹和环保投入进行量化，计算出其生态补偿标准，从而为管理者解决流域各区域间利益冲突提供决策依据。邵帅（2013）运用耿涌提出的流域生态补偿标准量化模型对河源市直饮水进行了实证研究；何笋和罗红燕（2016）也将水足迹方法运用于生态补偿，引入水质修正系数构建流域间生态补偿标准量化模型，并以赣江流域为例，对赣州市和南昌市的水生态安全进行评价，得出在 2010～2014 年南昌市需支付 19.92 亿元给赣州市的研究结果。胡小飞及其团队基于水足迹模型，对江西省 2000～2013 年水足迹、水承载力、水足迹盈余/赤字的时空变化进行了研究，并构建生态补偿标准量化模型，得出 2000～2013 年江西省水盈余共需补偿 1805.76 亿元，平均每年 128.98 亿元的结论（胡小飞，2015；胡小飞等，2016）。但未有文献运用水足迹方法对中部地区生态补偿进行研究。

7.2　数据获取与处理

7.2.1　数据来源与处理

本章数据主要来自《中国统计年鉴》（2001～2016 年）、《山西统计年鉴》（2001～2016 年）、《安徽统计年鉴》（2001～2016 年）、《江西统计年鉴》（2001～2016 年）、《河南统计年鉴》（2001～2016 年）、《湖北统计年鉴》（2001～2016 年）与《湖南统计年鉴》（2001～2016 年），部分数据来源于中部地区六省水利厅与环境保护厅门户网站。参考联合国粮食及农业组织的 Climate 数据库中有关中国气象的数据确定农作物需水量，参考 Chapagain 和 Hoekstra（2004）有关中国动物产品虚拟水含量的数据确定动物产品需水量。

本章将动物产品分为牛奶、猪肉、牛肉、羊肉、兔肉、禽肉、禽蛋与水产品 8 大类，农作物产品分为粮食、甘蔗、棉花、油料、水果、蔬菜、烟草、茶叶 8 大类，动物产品与农作物产品的虚拟水含量参考傅春等（2011）的文献，如表 7-2 所示。

表 7-2　单位动物产品与农作物产品虚拟水含量表（m³/kg）

动物产品	牛肉	猪肉	羊肉	牛奶	禽肉	兔肉	水产品	禽蛋
虚拟水含量	12.56	2.21	5.20	1.00	3.65	5.70	5.00	3.55
农作物产品	粮食	油料	棉花	水果	甘蔗	烟草	茶叶	蔬菜
虚拟水含量	1.56	3.72	4.40	0.76	0.20	2.67	13.17	0.10

水足迹中的工业用水、生活用水和生态用水主要为蓝水，可直接通过中部地区各省统计年鉴与水资源公报获得。农业生产用水的水足迹采取自下而上的方法计算（即根据各省统计年鉴查询农产品生产数据，计算出各省农产品生产水足迹）。中部地区虚拟水贸易量主要表现为净出口，净出口占用虚拟水总额较少，忽略该部分虚拟水量对总量结果影响不大。计算的工农业生产用水加上生态用水和生活用水可得到该区域水资源总足迹。通过与区域水资源的可供给量进行比较可判断该区域水生态安全。如果供给大于需求则表现为水生态盈余，表明该区域人类活动对水生态系统的压力处于安全状态；如果供给小于需要，则出现水生态赤字，该区域水资源压力较大（胡小飞，2015；胡小飞等，2016）。

7.2.2　计算模型

1）生产水足迹模型

$$WFP_p = AWP_p + IWW_p + DWD + EWD \tag{7-1}$$

式中，WFP_p 为区域水足迹总量（m^3）；AWP_p 为区域农业生产需水量（m^3）；IWW_p 为区域工业生产需水量（m^3）；DWD 为区域当地居民生活用水量（m^3）；EWD 为区域生态环境用水量（m^3）（胡小飞等，2016）。

消费水足迹模型为

$$WFP_c = AWP_c + IWW_c + DWD + EWD \qquad (7\text{-}2)$$

式中，AWP_c 为区域农产品消费需水量（m^3）；IWW_c 为区域工业产品消费需水量（m^3）；其余指标同上。

2）农作物虚拟水含量

虚拟水由英国学者 Allan 于 1998 年提出，是指产品和服务在生产过程中所使用的水量。虚拟水消耗是人类消耗水资源的主体，生活用水所占的比重较小（Allan，1998）。当前虚拟水的研究主要集中在农作物与动物产品中，农作物虚拟水含量受植物本身的生理特性与气象因素的影响（傅春等，2011；胡小飞，2015），其计算模型为

$$ET_c = K_c \times ET_0 \qquad (7\text{-}3)$$

式中，ET_c 为 C 类农作物的需水量；K_c 为 C 类农作物系数；ET_0 为参考作物的蒸发蒸腾量（mm/d），可用 Climwat 2.0 中的世界各地气象数据与 Cropwat 8.0 计算得到。ET_0 的计算模型为

$$ET_0 = \frac{0.408 \times \Delta \times (R_n - G) + \gamma \times \dfrac{900}{T + 273} \times U_2 \times (P_a - P_d)}{\Delta + \gamma \times (1 + 0.34 \times U_2)} \qquad (7\text{-}4)$$

式中，ET_0 为参考作物的蒸发蒸腾量（mm/d）；Δ 为饱和水气压与温度相关曲线的斜率（kPa/℃）；R_n 为作物表面的净辐射[$MJ/(m^2 \cdot d)$]；G 为平均空气温度（℃）；γ 为湿度计常数（kP/℃）；U_2 为 2m 高的风速（m/s）；P_a 与 P_d 分别为饱和水气压与实测水气压（kPa）；T 为平均气温（℃）（胡小飞，2015；胡小飞等，2016）。

单位产品的虚拟水含量为

$$D_c = \frac{ET_c}{Y_c} \qquad (7\text{-}5)$$

式中，Y_c 为某区域 C 农作物的单位面积产量（t/hm^2）；D_c 为某区域 C 农作物单位面积需水量（m^3/t）。

粮食作物蒸发水量 ET_0 在理想条件下为单位质量作物需水量。农作物消费水足迹或生产水足迹计算模型如下：

$$AWP = \sum_1^i P_i \times VWC_i \qquad (7\text{-}6)$$

式中，AWP 为农作物消费水足迹或生产水足迹（m^3）；P_i 为第 i 种产品的消费量或生产量（t）；VWC_i 为第 i 种单位产品的虚拟水含量（m^3/t）。

3）生态补偿标准模型

$$EE_i = (WF_i - WC_i) \times K \times R \qquad (7\text{-}7)$$

式中，EE_i 为 i 地区获得或支付生态补偿额（万元）；WF_i 为 i 地区水足迹量（m³/a）；WC_i 为 i 地区水资源量（m³/a）；K 为单位水资源价值（元/m³）；R 为生态补偿修正系数，本章取值为 1。

4）水足迹与经济增长脱钩模型

计算方法参照潘安娥（2014）文献。

$$D_p = \frac{GDP_t - GDP_{t-1}}{GDP_{t-1}} - \frac{WF_t - WF_{t-1}}{WF_{t-1}} \qquad (7\text{-}8)$$

式中，D_p 为脱钩指数；GDP_t 与 GDP_{t-1} 分别为第 t 期末和每 $t-1$ 期末的 GDP；WF_t 与 WF_{t-1} 分别为第 t 期末和每 $t-1$ 期末的水足迹；$\frac{GDP_t - GDP_{t-1}}{GDP_{t-1}}$ 为第 t 期末的经济增长率；$\frac{WF_t - WF_{t-1}}{WF_{t-1}}$ 为第 t 期末的水足迹变化率。当 $\frac{GDP_t - GDP_{t-1}}{GDP_{t-1}} > 0$，$\frac{WF_t - WF_{t-1}}{WF_{t-1}} < 0$，表明经济增长与水足迹绝对脱钩，处于优质协调发展状态；当 $\frac{GDP_t - GDP_{t-1}}{GDP_{t-1}} > 0$，$\frac{WF_t - WF_{t-1}}{WF_{t-1}} > 0$，$D_p > 0$，表明经济增长与水足迹相对脱钩，处于初级协调发展状态；当 $D_p \leqslant 0$ 表明经济增长与水足迹未脱钩，处于不协调状态。

7.3　中部地区生产水足迹时空变化

7.3.1　中部地区生产水足迹组成与动态变化

1. 中部地区总生产水足迹动态变化

中部地区总生产水足迹呈现增长趋势（表 7-3），年均增长率为 2.65%。总生产水足迹中以农业生产水足迹所占比例最高，达 90%，其次是工业生产水足迹，16 年间平均所占比为 6.48%，生活用水平均所占比为 2.94%。

表 7-3　中部地区总生产水足迹动态变化（亿 m³）

年份	农业	工业	生活	生态	合计
2000	4206.78	274.03	137.12	5.90	4623.83
2001	4207.47	280.80	141.83	5.90	4636.00
2002	4292.74	291.43	146.78	5.90	4736.85
2003	4390.99	309.54	152.12	5.90	4858.55

续表

年份	农业	工业	生活	生态	合计
2004	4667.67	328.28	157.54	8.73	5162.22
2005	4874.82	341.77	160.85	10.11	5387.55
2006	4906.82	365.94	162.22	10.38	5445.36
2007	4969.43	387.31	165.29	12.63	5534.66
2008	5182.21	389.26	171.30	15.67	5758.44
2009	5363.88	395.28	177.93	18.14	5955.23
2010	5495.88	427.50	176.44	19.43	6119.25
2011	5607.43	426.36	183.51	19.51	6236.81
2012	5826.53	453.70	172.00	23.41	6475.64
2013	5919.36	419.67	183.34	19.05	6541.42
2014	6069.67	398.70	187.40	19.20	6674.97
2015	6215.23	404.80	199.80	21.90	6841.73
平均	5137.31	368.40	167.22	13.86	5686.78

在农业生产水足迹中，粮食生产用水量排第一位并呈逐年增长态势（表 7-4），这与中部地区粮食生产情况一致，中部地区是全国重要的粮食生产基地，河南省粮食产量常年居全国前五。油料作物用水量排第二位，一方面是由于单位产品油料作物的虚拟水含量较高，另一方面是由于中部地区是全国的油料输出地，其油料作物产量占全国比重的 40%以上。虽然水果与蔬菜的虚拟水含量较低，但其播种面积与产量较大，故水果与蔬菜生产用水量占到总足迹的 6.20%与 2.81%。在动物产品生产用水量中，水产品的生产用水量最大且呈逐年增加趋势，年均增长率达 4.41%，一方面是因为中部地区的湖北省、湖南省、江西省与安徽省水产品养殖业较发达，且单位水产品的虚拟水含量达 5.00，属高耗水的产业；另一方面，随着经济的发展与人民生活水平提高，居民的膳食结构发生变化，表现为对水产品的需求量增大，导致水产品产量增长，其用水量也就相应增加。动物产品生产用水量中猪肉的水足迹排名第二，呈波动增长，年均增长率为 2.21%；禽蛋排名第三，年均增长率为 3.03%（表 7-4），这些产品属于居民正常膳食支出，生产量基本较稳定。牛肉虽然单位产量虚拟水含量很高，但其水足迹所占比重不高，主要是中部地区牛肉的生产量较少。

表 7-4　中部地区主要农产品与动物产品水足迹动态变化（亿 m³）

年份	粮食	油料	水产品	水果	蔬菜	猪肉	牛肉	禽肉	禽蛋
2000	2228.81	463.39	344.95	100.35	119.50	290.05	194.30	89.39	215.18
2001	2142.30	441.51	354.87	149.67	127.48	294.92	196.53	93.11	226.43

续表

年份	粮食	油料	水产品	水果	蔬菜	猪肉	牛肉	禽肉	禽蛋
2002	2170.02	442.07	382.24	121.06	138.28	307.66	211.37	101.50	238.99
2003	2058.85	470.63	398.97	262.82	136.24	319.78	217.61	105.43	254.31
2004	2197.77	470.63	421.63	292.74	142.30	331.47	228.71	112.14	272.10
2005	2298.06	465.95	449.62	305.21	149.15	358.98	238.12	115.39	287.46
2006	2358.27	471.68	462.39	340.87	149.25	339.93	204.23	115.40	252.99
2007	2499.17	425.63	454.22	357.51	153.45	300.28	176.74	117.84	257.34
2008	2540.78	469.91	471.74	369.51	157.24	329.80	187.66	133.67	287.35
2009	2588.32	515.47	505.57	389.51	162.04	348.35	188.37	135.82	302.12
2010	2609.51	521.01	531.93	424.83	171.26	361.79	197.47	142.95	299.84
2011	2674.82	520.21	521.03	469.92	177.67	356.34	188.89	147.64	303.95
2012	2751.65	543.61	565.30	491.26	186.13	380.27	189.94	156.99	313.09
2013	2772.77	562.05	596.08	505.72	191.68	392.29	194.64	137.08	323.79
2014	2837.52	568.30	627.90	517.99	198.42	412.05	209.50	136.17	323.41
2015	2920.27	576.38	658.75	543.26	198.73	402.31	202.47	136.17	336.54
平均	2478.06	495.53	484.20	352.64	159.93	345.39	201.66	123.54	280.93

中部地区六省的总生产水足迹均表现为上升趋势（图 7-4），按其总量分为两类，一类为高生产水足迹区，主要是河南省，16 年间平均总生产水足迹为 1701.82 亿 m³，年均增长率分别为 3.01%，主要是因为其农业种植面积大，农作物的虚拟水足迹消耗高；另一类为中生产水足迹区，包括湖北省、安徽省与湖南省，年均增长率分别为 2.63%、2.39% 与 1.94%，平均生产水足迹分别为 1035.07 亿 m³、1010.11 亿 m³ 与 995.99 亿 m³。还有一类为低生产水足迹区，包括江西省与山西省，平均水足迹分别为 642.32 亿 m³、300.36 亿 m³。

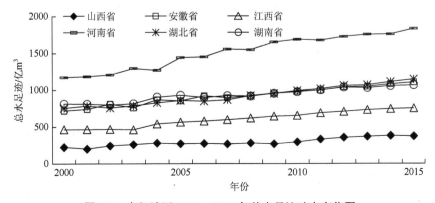

图 7-4　中部地区 2000～2015 年总水足迹动态变化图

河南省总生产水足迹在中部六省中排名第一，呈现平稳增长趋势，除2001年与2011年稍有下降外，其余年份均表现为增长态势。在总生产水足迹中，粮食作物所占比重最大，平均值占45.11%（表7-5），油料作物水足迹所占比重次之，平均占比为10.74%（表7-6）；水果与禽蛋平均所占比重分别为7.92%与7.51%；牛肉与猪肉所占比重也达6.55%与5.28%；工业用水、生活用水及其水产品水足迹所占比重较小。

安徽省、湖南省、湖北省三省的总生产足迹值比较接近且变化趋势基本一致，在总生产水足迹中，都以粮食生产水足迹所占比重最大，研究期间分别平均占总值的45.26%、44.47%与34.46%（表7-5）；水产品水足迹所占比重次之，平均值分别占总值的9.21%、9.29%与16.01%（表7-7）；安徽省与湖北省油料水足迹所占比重排名第三，历年平均值分别占总足迹的9.44%与10.91%（表7-6），湖南省表现为猪肉所占比重排名第三，为9.20%。值得注意的是这三省的工业用水占比均较大，安徽省、湖南省、湖北省工业用水分别占总足迹的7.69%、7.97%与9.00%。生态用水、水果、蔬菜水足迹等所占比重较小。

表7-5 中部地区粮食水足迹所占比重

年份	山西省	安徽省	江西省	河南省	湖北省	湖南省
2000	0.5515	0.4670	0.5012	0.5028	0.4013	0.5177
2001	0.5220	0.4574	0.4986	0.4853	0.3754	0.4882
2002	0.5628	0.4704	0.4834	0.4715	0.3753	0.4631
2003	0.5512	0.3952	0.4601	0.4535	0.3312	0.4389
2004	0.5709	0.4369	0.4943	0.3917	0.3466	0.4583
2005	0.5488	0.4256	0.4877	0.4128	0.3504	0.4537
2006	0.5671	0.4386	0.4867	0.4383	0.3437	0.4338
2007	0.5794	0.4665	0.4721	0.4591	0.3543	0.4706
2008	0.5587	0.4675	0.4673	0.4526	0.3367	0.4516
2009	0.5337	0.4564	0.4564	0.4519	0.3366	0.4423
2010	0.5595	0.4572	0.4380	0.4445	0.3256	0.4231
2011	0.5498	0.4537	0.4371	0.4521	0.3297	0.4242
2012	0.5482	0.4553	0.4324	0.4458	0.3231	0.4204
2013	0.5443	0.4590	0.4259	0.4452	0.3274	0.4121
2014	0.5367	0.4648	0.4237	0.4505	0.3255	0.4122
2015	0.5186	0.4693	0.4194	0.4597	0.3312	0.4054
平均	0.5502	0.4526	0.4615	0.4511	0.3446	0.4447

表 7-6　中部地区油料水足迹所占比重

年份	山西省	安徽省	江西省	河南省	湖北省	湖南省
2000	0.0691	0.1284	0.0716	0.1107	0.1239	0.0598
2001	0.0325	0.1304	0.0673	0.1023	0.1170	0.0592
2002	0.0556	0.1145	0.0613	0.1148	0.1072	0.0526
2003	0.0387	0.1275	0.0564	0.1050	0.1293	0.0598
2004	0.0362	0.1138	0.0487	0.1069	0.1237	0.0543
2005	0.0285	0.1054	0.0478	0.1039	0.1128	0.0534
2006	0.0253	0.0957	0.0477	0.1095	0.1092	0.0582
2007	0.0185	0.0764	0.0489	0.1036	0.0985	0.0425
2008	0.0248	0.0841	0.0519	0.1040	0.1030	0.0514
2009	0.0230	0.0852	0.0554	0.1071	0.1092	0.0651
2010	0.0216	0.0791	0.0575	0.1064	0.1045	0.0692
2011	0.0206	0.0738	0.0577	0.1056	0.1003	0.0741
2012	0.0201	0.0752	0.0579	0.1092	0.1009	0.0693
2013	0.0193	0.0752	0.0573	0.1109	0.1040	0.0754
2014	0.0167	0.0742	0.0574	0.1099	0.1026	0.0766
2015	0.0150	0.0721	0.0577	0.1084	0.0992	0.0782
平均	0.0291	0.0944	0.0564	0.1074	0.1091	0.0624

表 7-7　中部地区水产品水足迹所占比重

年份	山西省	安徽省	江西省	河南省	湖北省	湖南省
2000	0.0054	0.0968	0.1265	0.0122	0.1359	0.0773
2001	0.0068	0.0938	0.1321	0.0119	0.1363	0.0817
2002	0.0057	0.0901	0.1381	0.0133	0.1600	0.0888
2003	0.0057	0.0945	0.1486	0.0135	0.1587	0.0905
2004	0.0061	0.0875	0.1373	0.0150	0.1598	0.0874
2005	0.0068	0.0930	0.1422	0.0161	0.1641	0.0912
2006	0.0078	0.0917	0.1487	0.0188	0.1739	0.0838
2007	0.0055	0.0858	0.1558	0.0215	0.1548	0.0882
2008	0.0054	0.0854	0.1456	0.0237	0.1518	0.0922
2009	0.0056	0.0873	0.1499	0.0251	0.1579	0.0921
2010	0.0053	0.0906	0.1546	0.0263	0.1591	0.0947
2011	0.0053	0.0925	0.1483	0.0174	0.1576	0.0925
2012	0.0057	0.0921	0.1576	0.0185	0.1650	0.0992
2013	0.0061	0.0967	0.1565	0.0215	0.1721	0.1057
2014	0.0066	0.0976	0.1608	0.0232	0.1749	0.1093
2015	0.0069	0.0980	0.1653	0.0249	0.1790	0.1122
平均	0.0060	0.0921	0.1480	0.0189	0.1601	0.0929

江西省总生产水足迹呈现波动增长的趋势，2001 年有所下降，2002 年与 2001 年基本持平，2003 年下降到最低点，仅为 491.70 亿 m^3，2004 年快速增长，增幅达 15.38%，随后 2005～2015 年逐年增长。在总生产水足迹中，以粮食作物水足迹所占比重最大，介于 41.94%～50.12%，平均为 46.15%（表 7-5），所占比重呈逐年下降趋势；水产品水足迹所占比重次之，平均占比 14.80%，呈增长趋势（表 7-7）；工业用水所占比重平均为 8.51%，仅次于水产品水足迹。由于江西省生猪的养殖量与油料作物的种植量较大，猪肉水足迹与油料水足迹分别占到总量的 6.83% 与 5.64%。水果、蔬菜水足迹等所占比重较小。

山西省总生产水足迹在中部六省中最小，呈现波动增长的趋势，年增长率为 3.44%（图 7-4）。在总生产水足迹中，以粮食生产水足迹所占比重最大，2000～2015 年介于 51.86%～57.94%，平均占 55.02%（表 7-5）；水果水足迹所占比重次之，平均占比 10.65%；排名第三的是禽蛋水足迹，平均占比达 7.2%；工业用水足迹所占比重平均为 4.67%。与其他南方省份相比，水产品、油料作物水足迹所占比重较小。

2. 中部地区动物产品生产水足迹动态变化

中部地区六省 2000～2015 年动物产品生产水足迹呈波动变化趋势，按 16 年平均值排名分别是河南省＞湖北省＞安徽省＞湖南省＞江西省＞山西省（图 7-5）。

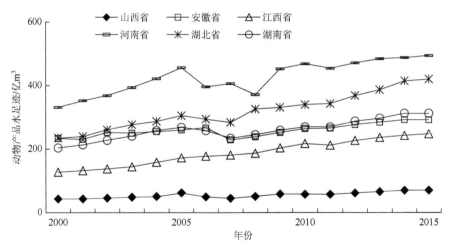

图 7-5　中部地区 2000～2015 年动物产品水足迹动态变化图

山西省动物产品生产水足迹在六省中最低，呈现波动增长的态势，由 2000 年的 43.35 亿 m^3 增长到 2015 年的 70.51 亿 m^3，年均增长率为 3.30%，2000～2005 年逐年增长，2006～2007 年两年连续下降，而后呈现增长趋势。在动物产品生产水足迹中，以禽蛋生产所占比重最大，介于 30.87%～46.02%，平均 38.97%；猪肉所占比重次之，介于 18.37%～22.89%，平均 20.81%；再者是牛肉所占比重平均为 14.25%；水产品生产所占比重不高，介于 2.66%～4.44%，平均 3.28%；其他动物产品羊肉、兔肉与奶所占比重均不高，变化幅度不大。

安徽省动物产品生产水足迹呈现波动增长的态势，由 2000 年的 233.44 亿 m³ 增长到 2015 年的 292.46 亿 m³，年均增长率为 1.51%，除 2001 年、2007 年比前一年下降外，其余年份都呈增长趋势。在动物产品生产水足迹中，以水产品所占比重较大，介于 32.78%～38.24%，平均为 35.62%；猪肉所占比重介于 18.00%～20.16%，平均为 19.43%；禽蛋所占比重介于 14.87%～17.37%，平均为 16.34%；禽肉所占比重介于 9.92%～15.48%，平均为 12.86%；牛肉所占比重介于 7.69%～17.55%，平均为 12.23%。

江西省动物产品生产水足迹呈现逐年增长的态势，由 2000 年的 129.27 亿 m³ 增长到 2015 年的 248.00 亿 m³，年均增长率为 4.44%。猪肉、牛肉、羊肉、兔肉、禽肉、水产品、蛋、奶类均呈波动增长趋势，年均增长率分别为 6.49%、9.43%、3.86%、4.34%、6.03%、5.10%、4.55%、4.16%，以牛肉的增长率为最高，其次是猪肉。在动物产品生产水足迹中，以水产品生产所占比重最大，介于 47.90%～52.88%，平均 49.80%；猪肉所占比重次之，介于 21.69%～25.86%，平均 23.15%。禽肉、蛋类、牛肉等平均所占比例介于 6.47%～9.65%，其他动物产品羊肉、兔肉与奶所占比重均不及 1%，变化幅度不大。总之，动物产品水足迹主要表现为水产品与猪肉水足迹。

河南省动物产品生产水足迹呈现波动增长的态势，由 2000 年的 331.59 亿 m³ 增长到 2015 年的 494.70 亿 m³，年均增长率为 2.70%，除 2006 年、2008 年比前一年下降外，其余年份都呈增长趋势。在动物产品生产水足迹中，以禽蛋所占比重较大，介于 16.61%～30.57%，平均为 28.70%；以牛肉所占比重次之，介于 20.91%～30.83%，平均为 26.18%；猪肉所占比重再次，介于 18.45%～22.52%，平均为 20.92%；禽肉与水产品所占比重分别平均为 7.79% 与 7.49%。

湖北省动物产品生产水足迹呈现波动增长的态势，由 2000 年的 234.83 亿 m³ 增长到 2015 年的 420.31 亿 m³，年均增长率为 3.96%，除 2007～2008 年比前一年下降外，其余年份都呈增长趋势。在动物产品生产水足迹中，以水产品生产所占比重最大，介于 48.07%～56.28%，平均 51.95%；猪肉所占比重次之，介于 17.45%～20.31%，平均为 18.89%；随后为牛肉所占比重，介于 20.91%～30.83%，平均为 26.18%；禽蛋所占比重再次，介于 12.37%～16.08%，平均 14.35%；禽肉与牛肉所占比重分别平均为 6.37% 与 6.95%。

湖南省动物产品生产水足迹也呈现波动增长的态势，由 2000 年的 203.66 亿 m³ 增长到 2015 年的 312.86 亿 m³，年均增长率为 2.90%，除 2006～2007 年比前一年下降外，其余年份都呈增长趋势。在动物产品生产水足迹中，以猪肉生产所占比重最大，介于 32.02%～40.40%，平均为 35.56%；水产品所占比重次之，介于 30.97%～39.67%，平均为 35.27%；禽蛋所占比重排第三，介于 9.11%～12.98%，平均为 11.28%；禽肉与牛肉所占比重平均为 7.63% 与 7.99%。

3. 中部地区农作物产品生产水足迹动态变化

如图 7-6 所示，山西省农作物产品生产水足迹在六省中最低，历年呈现波动增长的态势，由 2000 年的 176.97 亿 m³ 增长到 2015 年的 274.44 亿 m³，年均增长率为 3.65%。在农作物产品生产水足迹中，以粮食生产所占比重最大，主要因为玉米与小麦等粮食作物是山西省的主要农作物，播种面积大，产量高；水果所占比重次之，所占比重逐年下降，由 2000 年的 9.42% 下降到 2015 年的 2.24%。其他农作物如棉花、蔬菜与油料作物所占比重不高。

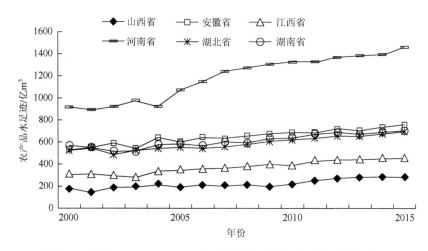

图 7-6　中部地区 2000～2015 年农作物产品生产水足迹动态变化图

安徽省农作物产品生产水足迹 2000～2015 年平均值在六省中排名第二，平均为 647.62 亿 m³，呈现波动增长的态势，年均增长率为 2.44%。在农作物产品生产水足迹中，以粮食生产所占比重最大，主要因为稻谷与小麦是安徽省的主要农作物，生产量大；油料作物所占比重次之，但呈逐年下降趋势；其他农作物如水果、蔬菜与棉花所占比重均小于 10%。

江西省农作物产品生产水足迹 2000～2015 年平均值在六省中排名第五，呈现波动增长的趋势，2000～2003 年逐年下降，其中 2003 年降幅最大，达 5.99%，随后快速增长，2004 年增幅达 20.12%，2004～2009 年逐年增长。在农作物产品生产水足迹中，以粮食生产所占比重最大，主要因为水稻是江西省的主要农作物，播种面积大；油料所占比重次之；其他农作物如水果、棉花与蔬菜分别占农作物生产水足迹的5%以下。茶叶、烟草、甘蔗水足迹所占比重均不及1%。总之，农作物水足迹主要表现为粮食生产水足迹。

河南省农作物产品生产水足迹2000～2015年平均值在六省中排名第一，平均为1184.48亿 m^3，远高于其他五省，呈现波动增长的态势，由2000年的917.27亿 m^3 增长到2015年的1467.11亿 m^3，年均增长率为3.18%。在农作物产品生产水足迹中，以粮食生产所占比重最大，主要因为小麦是河南省的主要农作物，播种面积大；油料作物所占比重次之，呈现与粮食生产相同的变化趋势。其他农作物如水果、棉花与蔬菜占农作物生产水足迹较小。

湖北省农作物产品生产水足迹2000～2015年平均值在六省中排名第四，平均为590.65亿 m^3，呈现波动增长的态势，由2000年的524.05亿 m^3 增长到2015年的709.70亿 m^3，年均增长率为2.04%。在农作物产品生产水足迹中，以粮食生产所占比重最大，除2000～2005年波动较大外，其余年份呈缓慢下降趋势，主要因为水稻是湖北省的主要农作物，播种面积大；油料作物所占比重次之，但变化趋势不太明显。其他农作物如水果、蔬菜与棉花均占农作物生产水足迹的10%以下。

湖南省农作物产品生产水足迹2000～2015年平均值在六省中排名第三，平均为612.46亿 m^3，呈现波动缓慢增长态势，年均增长率仅为1.46%。在农作物产品生产水足迹中，以粮食生产所占比重最大，呈波动下降趋势，主要因为水稻是湖南省的主要农作物，播种面积大；油料作物所占比重次之，呈现波动增长变化趋势。其他农作物如水果、蔬菜与棉花均占农作物生产水足迹的10%以下。

4. 中部地区工业用水总量动态变化

中部地区六省2000～2015年工业用水总量呈波动变化趋势，按16年工业用水总量平均值排名分别是湖北省>湖南省>安徽省>江西省>河南省>山西省（表7-8）。其中湖北省、湖南省与安徽省为工业用水高值区，年均用水量高于78亿 m^3；江西省与河南省为工业用水中值区，年均用水量分别为54.08亿 m^3 与49.34亿 m^3；山西省为工业用水低值区，年均用水量仅为13.67亿 m^3。因为缺少湖南省2001年的工业用水总量，采用该省2000～2002年工业用水总量的年增长率进行递推估算，对总结果的影响不大。

表7-8　中部地区2000～2015年工业用水总量动态变化（亿 m^3）

年份	山西省	安徽省	江西省	河南省	湖北省	湖南省
2000	13.37	38.64	47.50	41.73	78.21	54.58
2001	13.07	52.24	42.45	40.76	75.30	56.98
2002	13.07	55.30	46.35	40.24	77.10	59.37

续表

年份	山西省	安徽省	江西省	河南省	湖北省	湖南省
2003	14.14	63.10	46.75	39.95	77.20	68.40
2004	13.88	63.29	52.16	40.17	82.43	76.35
2005	13.94	67.72	51.21	45.86	82.55	80.49
2006	15.40	82.69	50.60	48.32	86.93	82.00
2007	14.44	83.81	58.60	51.30	96.62	82.54
2008	13.50	85.40	59.92	51.40	97.00	82.04
2009	10.53	93.70	53.20	53.51	100.82	83.52
2010	12.60	95.00	57.40	55.60	117.10	89.80
2011	12.58	94.01	57.35	55.57	117.10	89.75
2012	15.50	99.30	58.70	60.50	121.60	98.10
2013	14.87	98.43	60.13	59.45	92.43	94.36
2014	14.20	92.70	61.30	52.60	90.20	87.70
2015	13.70	93.50	61.60	52.50	93.30	90.20
平均	13.67	78.68	54.08	49.34	92.87	79.76

2000～2015 年，湖北省工业用水除 2013～2015 年大幅下降，低于安徽省外，其他年份均高于其他省份，呈现波动上升趋势，年均增长率为 1.18%；2000～2005 年，湖南省工业用水均高于安徽省，在中部六省中排名第二，但 2006～2014 年，安徽省工业用水超过湖南省，跃居第二，安徽省与湖南省工业用水年均增长率分别为 6.07% 与 3.41%；2000～2008 年，江西省工业用水量均高于河南省，2009 年，河南省稍高于江西省，随后波动变化，2015 年，江西省工业用水量比河南省高 9.1 亿 m^3，研究期间，江西省与河南省工业用水的年均增长率分别为 1.75% 与 1.54%。山西省的工业用水远低于其他省份，变化不大，年均增长率仅为 0.16%，研究期间平均值为 13.67 亿 m^3（表 7-8）。

5. 中部地区生活用水总量动态变化

中部地区六省 2000～2015 年生活用水总量呈波动变化趋势，按 16 年生活用水总量平均值排名分别是湖南省＞河南省＞湖北省＞安徽省＞江西省＞山西省（表 7-9）。因为缺少湖南省、湖北省、安徽省与山西省 2000～2002 年的生活用水总量，采用该四省 2003～2015 年各自生活用水总量的年增长率进行递推估算，估算后的偏差对总结果的影响不大。

2000～2015 年，湖南省生活用水除 2012 年大幅下降，2011 年与 2013 年稍有下降外，其他年份均呈现增长趋势，年均增长率为 0.57%；研究期间，湖北省除 2011 年、2013～2015 年生活用水总量高于河南省外，其余年份均为河南省高于湖北省，河南省在中部地区排名第二，河南省与湖北省生活用水年均增长率分别为 1.35% 与 4.54%（表 7-9）；安徽省生活用水除 2010 年大幅下降低于江西省外（下降幅度为 19.31%），其余年份生活用水均高于江西省，呈现平稳增长趋势，年均增长率为 3.68%；山西省的生活用水远低于其他省份，变化较小，研究期间平均值为 10.05 亿 m³。

表 7-9　中部地区 2000~2015 年生活用水总量（亿 m³）

年份	山西省	安徽省	江西省	河南省	湖北省	湖南省
2000	7.70	19.08	17.35	28.94	25.28	38.77
2001	7.96	19.79	18.04	30.90	26.16	38.98
2002	8.23	20.53	18.94	32.83	27.06	39.19
2003	8.50	21.30	20.60	34.32	28.00	39.40
2004	8.74	24.10	21.70	32.40	28.50	42.10
2005	8.72	25.40	21.00	33.60	28.63	43.50
2006	9.30	24.40	20.90	34.60	28.82	44.20
2007	9.53	26.10	22.90	32.74	29.40	44.62
2008	9.80	27.40	23.40	34.80	30.80	45.10
2009	10.00	29.00	26.10	35.80	30.93	46.10
2010	10.60	23.40	27.50	36.11	32.40	46.43
2011	13.10	31.70	28.40	31.31	33.80	45.20
2012	11.80	30.90	26.10	32.00	30.90	40.30
2013	12.25	31.45	26.88	33.40	39.35	40.01
2014	12.20	31.90	27.40	33.40	40.70	41.80
2015	12.30	32.80	27.90	35.40	49.20	42.20
平均	10.05	26.20	23.44	33.28	31.87	42.37

6. 中部地区生态用水总量动态变化

中部地区六省 2003~2015 年生态用水总量呈波动变化趋势，按 13 年生态用水总量平均值排名分别是河南省＞湖南省＞安徽省＞江西省＞山西省＞湖北省（表 7-10）。安徽省的增长率最高，年均增长率达 21.26%；山西省的增长率排名第二，年均增长率达 18.50%；江西省与湖南省的增长相对较平缓，年均增长率分别为 5.54% 与 4.46%。值得注意的是，湖北省工业用水、生活用水、农业用水都较高，但生态用水在中部地区六省中最低，平均值仅为 0.26 亿 m³，以后要加大这方面的投入。因为缺少中部地区六省 2000~2002 年的生态用水总量，用 2003 年的数据替代，因生态用水总量占总水足迹的比例很少，忽略该部分对总结果的影响不大。

表 7-10　中部地区 2003～2015 年生态用水总量（亿 m³）

年份	山西省	安徽省	江西省	河南省	湖北省	湖南省
2003	0.30	0.40	1.10	2.40	0.10	1.60
2004	0.30	0.70	1.10	3.62	0.10	2.91
2005	0.40	1.37	1.30	3.81	0.10	3.13
2006	0.40	1.44	1.30	3.94	0.10	3.20
2007	0.50	1.60	2.02	5.20	0.10	3.21
2008	0.74	1.63	2.01	7.80	0.09	3.40
2009	1.30	2.00	4.80	6.32	0.22	3.50
2010	2.60	2.22	3.90	7.30	0.21	3.20
2011	2.65	2.22	3.89	7.34	0.21	3.20
2012	3.30	4.60	2.10	10.60	0.31	2.50
2013	3.54	4.05	2.12	6.06	0.41	2.87
2014	3.40	4.70	2.10	5.70	0.60	2.70
2015	2.30	4.90	2.10	9.10	0.80	2.70
平均	1.67	2.45	2.30	6.09	0.26	2.93

7.3.2　中部地区人均生产水足迹动态变化

　　各地区人均水足迹可直观地反映各省的水资源利用水平，中部地区六省的人均水足迹相差较大，2000～2015 年平均值由大到小排列为（表 7-11）：湖北省＞河南省＞安徽省＞湖南省＞江西省＞山西省。最小为山西省，最大为湖北省，主要是因为山西省的农产品与动物产品产量相对其他省份少，而湖北省为粮食作物种植基地，也是水产品生产大省。

表 7-11　中部地区 2000～2015 年人均水足迹（m³）

年份	山西省	安徽省	江西省	河南省	湖北省	湖南省
2000	743.41	1355.26	1211.47	1390.74	1527.39	1320.10
2001	632.08	1391.44	1195.91	1379.86	1570.69	1308.14
2002	780.28	1492.58	1184.85	1418.07	1500.01	1271.16
2003	818.84	1418.50	1155.88	1498.23	1591.41	1303.01
2004	870.08	1572.69	1328.54	1463.16	1658.79	1428.04
2005	828.65	1560.26	1375.49	1716.36	1697.80	1552.78
2006	834.96	1665.26	1401.08	1736.44	1673.71	1504.97
2007	799.22	1585.87	1440.49	1855.86	1688.71	1517.81
2008	841.46	1644.42	1485.73	1917.33	1807.19	1518.66
2009	803.51	1711.61	1544.61	1952.26	1870.72	1598.10

续表

年份	山西省	安徽省	江西省	河南省	湖北省	湖南省
2010	846.56	1796.05	1560.34	2010.84	1937.08	1597.88
2011	942.11	1806.44	1632.58	1998.47	1963.04	1638.92
2012	1004.12	1881.95	1669.84	2062.13	2039.85	1680.33
2013	1036.58	1848.48	1713.90	1863.85	2055.51	1655.55
2014	1060.89	1865.78	1737.37	2086.85	2116.54	1675.45
2015	1034.21	1914.03	1750.24	2171.73	2175.85	1703.59
平均	867.31	1656.91	1461.77	1782.64	1804.64	1517.16

2000～2015 年中部地区六省人均生产水足迹呈波动上升趋势，除 2007 年河南人均生产水足迹稍高于湖北省外，其余年份湖北省人均生产水足迹均高于其他省，主要因为其农产品生产消耗大量水资源，而且工业用水的总量与比例也一直增长；紧接其后的是河南省，河南省除 2004 年与 2013 年有明显下降外，其余年份均平稳增长；安徽省除 2003 年与 2007 年有明显下降外，其余年份也平稳增长；江西省人均生产水足迹分为两个阶段，2000～2003 年逐年下降，自 2004 年开始逐年增长，年均增长率为 2.85%。山西省人均生产水足迹较低，研究期间平均生产水足迹为 867.31m³（表 7-11）。

7.3.3　中部地区水足迹盈余/赤字及效率时空变化

1. 水足迹盈余/赤字

中部地区六省水足迹盈余/赤字呈波动变化趋势。江西省与湖南省历年有水盈余，16 年间共计分别盈余 14398.16 亿 m³ 与 10737.95 亿 m³，研究期间总体水足迹盈余有所下降，与该年的降水量有关。河南省与山西省历年有水赤字，16 年间共计分别赤字 20963.89 亿 m³ 与 3255.88 亿 m³，平均每年赤字 1310.24 亿 m³ 与 203.49 亿 m³。安徽省除 2003 年有生态盈余外，其余年份均为生态赤字，总计赤字 4427.01 亿 m³。湖北省除 2001 年、2004～2006 年、2009 年、2011～2015 年外，其余年份为水盈余，但总体表现为水赤字，16 年间共计赤字 1632.50 亿 m³（图 7-7）。

2. 水足迹效率时空变化

中部六省水足迹效率（万元 GDP 用水量）呈现下降趋势，其原因主要是 16 年来中部地区 GDP 总量增速快，设备装备耗水量下降，节水技术不断推广，加上居民节水意识增强以及水价的杠杆调节作用显现，使得水资源利用效率与效益在不断提高。中部地区六省 2000～2015 年平均水足迹效率值由大到小分别为：安徽

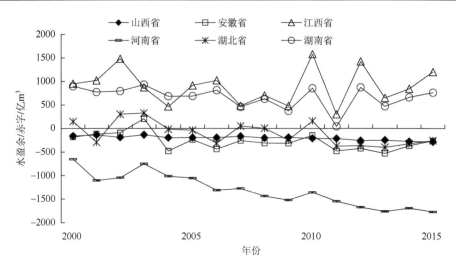

图 7-7　中部地区 2000～2015 年水盈余/赤字动态变化

省＞河南省＞江西省＞湖北省＞湖南省＞山西省（图 7-8），山西省水足迹效率低除了要其通过发展节水农业外，还需要通过转变产业结构来提高水资源利用效率。中部地区水资源利用效率还有很大的提升空间，以后要注重通过技术或产品更新来达到提高的目的。

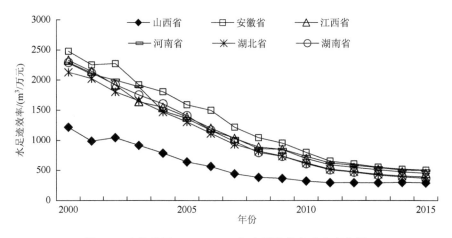

图 7-8　中部地区 2000～2015 年水足迹效率动态变化图

3. 水匮乏度时空变化

水匮乏度是区域生产水足迹与可用水资源量的比值，反映水资源的紧缺状态，值越大越缺水。中部地区六省水匮乏度 2000～2015 年平均值由高到低依次为，河南省＞山西省＞安徽省＞湖北省＞湖南省＞江西省（图 7-9）。其中，北部的河南省与山西省的水匮乏度很高，主要是因为河南省的可用水资源量较少且人口很多导致水足迹大与用水压力大，而山西省本来就是一个极度缺水省份。江西省与湖南省水匮乏度低主要是因为其水资源很丰富，森林覆盖率高，农业、工业及生活用水压力不大。

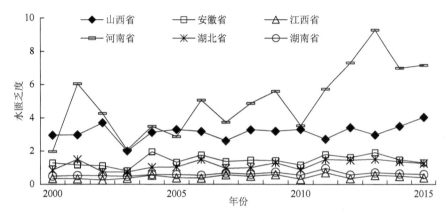

图 7-9　中部地区 2000～2015 年水匮乏度动态变化图

7.4　中部地区生态补偿与社会经济分析

7.4.1　中部地区生态补偿标准时空格局

　　水价由水资源费、水利工程供水价格、城市供水价格、污水处理费等决定。《江西省发展改革委、江西省财政厅、江西省水利厅关于调整全省水资源费征收标准的通知》指出江西省从 2013 年开始，分三年将地表水、地下水水资源费平均征收标准调整到国家规定的 0.1 元/m^3、0.2 元/m^3，本书取其平均值即 0.15 元/m^3（胡小飞，2015；胡小飞等，2016）。其他省份也参照这个值，由此算出中部地区六省水资源盈余的生态补偿额度。中部地区除 2000～2003 年、2005 年、2010 年为生态盈余外，其余年份均有生态赤字。研究期间中部地区总体表现为生态赤字（图 7-10）。

　　从中部地区六省生态补偿额度的空间分布来看，江西省要获得的生态补偿资金呈波动变化趋势，但总体下降，2010 年补偿额最高，2011 年下降至最低，2012 年又有所上升，2013～2015 年经历下降后又上升。2000～2015 年江西省水盈余共需补偿 2159.72 亿元，平均每年 134.98 亿元。湖南省要获得的生态补偿资金呈波动变化趋势，但总体下降，2000～2015 年湖南省水盈余共需补偿 1610.69 亿元，平均每年 100.67 亿元。历年湖南省的 GDP 是江西省 GDP 的 1.6～1.7 倍，根据生态补偿优先级的模型，江西省要优先获得水足迹生态补偿额度。

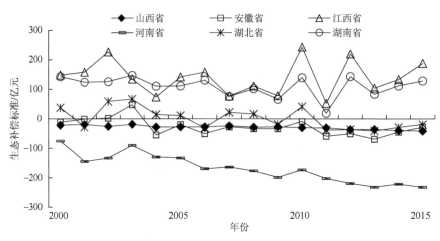

图 7-10　中部地区 2000～2015 年生态补偿标准动态变化

中部地区六省除江西省、湖南省要获得生态补偿资金外（其中江西省获得的补偿额度要高于湖南省且补偿优先级高于湖南省），其余省份均要支付生态补偿资金。2000～2015 年年均支付金额由大到小依次为：河南省（196.54 亿元）＞安徽省（41.50 亿元）＞山西省（30.52 亿元）＞湖北省（15.30 亿元）。其中 2015 年支付生态补偿额度为：河南省（265.74 亿元）＞山西省（42.74 亿元）＞安徽省（39.28 亿元）＞湖北省（38.66 亿元）。

7.4.2　水足迹与社会经济发展的相关性

1. 水足迹的影响因素

根据前人的研究结果，目前影响水资源使用的主要因素有水资源的价格、社会经济发展程度、产业结构及技术水平等。本书选取经济发展水平、产业结构、技术发展程度等作为影响中部地区水足迹的因素。

$$\ln I = \ln a + b_1(\ln P) + b_2(\ln W) + c_1(\ln A) + c_2(\ln \text{Exp}) + d_1(\ln E)$$
$$+ d_2(\ln \text{Ag}) + d_3(\ln \text{Id}) + \ln \mu$$

式中，I 为人类活动对环境造成的影响，这里取水足迹；人口因素，这里取人口总数量（P）与人均水资源量（W）；富裕因素即经济因素，这里取人均 GDP（A）与城镇居民年人均消费支出（Exp）；技术因素，取单位 GDP 水足迹（E）、第一产业比重（Ag）、第二产业比重（Id）；a、b、c、d 为待估参数；μ 为随机扰动项。GDP 取 2000 年的可比价。

将山西省历年数据取对数后进行逐步回归可得表 7-12 和表 7-13 所示结果，由结果可知山西省水足迹受总人口、水足迹强度与人均 GDP 影响。水足迹的线性

回归模型为　$Y=-8.765+0.933X_P+1.028X_E+1.018X_A$。由回归模型可知，山西省水足迹受水足迹强度影响最大，其次是人均 GDP，总人口排名第三。

表 7-12　山西省水足迹线性回归模型汇总

模型	R	R^2	调整 R^2	标准估计的误差	Durbin-Watson
1	0.938[a]	0.880	0.871	0.06699	
2	0.964[b]	0.929	0.918	0.05347	2.183

a. 预测变量：（常量），山西省总人口。
b. 预测变量：（常量），山西省总人口，山西省水足迹强度，山西省人均 GDP。

表 7-13　山西省水足迹线性回归模型系数

模型		非标准化 系数 B	标准误差	标准系数	t	Sig.	容差	VIF
1	（常量）	−27.726	3.299		−8.404	0.000		
	总人口	4.099	0.405	0.938	10.119	0.000	1.000	1.000
2	（常量）	−8.765	0.515		−17.012	0.000		
	总人口	0.933	0.085	0.213	10.919	0.000	0.127	7.900
	水足迹强度	1.028	0.021	0.569	49.712	0.000	0.369	2.712
	人均 GDP	1.018	0.027	0.785	38.199	0.000	0.114	8.741

将安徽省历年数据取对数后进行逐步回归可得表 7-14 和表 7-15 所示结果，由结果可知安徽省水足迹受城市居民消费支出与水足迹强度影响。其回归模型为 $Y=3.938+0.392X_{Exp}+0.441X_E$。水足迹强度的影响大于城市居民消费支出。

表 7-14　安徽省水足迹线性回归模型模型

模型	R	R^2	调整 R^2	标准估计的误差	Durbin-Watson
1	0.977[a]	0.954	0.950	0.03004	
2	0.989[b]	0.978	0.974	0.02163	1.799

a. 预测变量：（常量），安徽省城市居民消费支出。
b. 预测变量：（常量），安徽省城市居民消费支出，安徽省水足迹强度。

表 7-15　安徽省水足迹线性回归模型系数

模型		非标准化 系数 B	标准误差	标准系数	t	Sig.	容差	VIF
1	（常量）	3.593	0.190		18.919	0.000		
	城市居民消费支出	0.362	0.021	0.977	16.996	0.000	1.000	1.000
2	（常量）	3.938	0.165		23.866	0.000		
	城市居民消费支出	0.392	0.017	1.056	22.701	0.000	0.791	1.264
	水足迹强度	0.441	0.118	0.174	3.740	0.002	0.791	1.264

将江西省历年数据取对数后进行逐步回归可得表 7-16 与表 7-17 所示结果，由结果可知江西省水足迹受第一产业比重影响。其回归模型为 $Y=8.055-0.607X_{Ag}$。

表 7-16　江西省水足迹线性回归模型

模型	R	R^2	调整 R^2	标准估计的误差	Durbin-Watson
1	0.982^a	0.964	0.962	0.03421	1.721

a. 预测变量：（常量），江西省第一产业比重。

表 7-17　江西省水足迹线性回归模型系数

	模型	非标准化系数 B	标准误差	标准系数	t	Sig.	容差	VIF
1	（常量）	8.055	0.086		93.801	0.000		
	第一产业比重	−0.607	0.031	−0.982	−19.453	0.000	1.000	1.000

将河南省与湖北省历年数据取对数后进行逐步回归可得表 7-18～表 7-21 所示结果，由结果可知河南省与湖北省水足迹都受人均 GDP 与水足迹强度的影响。水足迹的线性回归模型分别为 $Y=-0.287+1.046X_E+1.033X_A$ 与 $Y=-1.047+1.126X_E+1.077X_A$。由回归模型可知，山西省水足迹受水足迹强度影响最大，其次是人均 GDP。

表 7-18　河南省水足迹线性回归模型

模型	R	R^2	调整 R^2	标准估计的误差	Durbin-Watson
1	0.985^a	0.969	0.967	0.02804	
2	1.000^b	0.999	0.999	0.00448	1.932

a. 预测变量：（常量），河南省第一产业比重。
b. 预测变量：（常量），河南省人均 GDP，河南省水足迹强度。

表 7-19　河南省水足迹线性回归模型系数

	模型	非标准化系数 B	标准误差	标准系数	t	Sig.	容差	VIF
1	（常量）	9.116	0.086		106.005	0.000		
	第一产业比重	−0.659	0.031	−0.985	−21.041	0.000	1.000	1.000
2	（常量）	−0.287	0.069		−4.169	0.001		
	人均 GDP	1.033	0.008	1.060	132.731	0.000	0.877	1.140
	水足迹强度	1.046	0.033	0.251	31.478	0.000	0.877	1.140

表 7-20　湖北省水足迹线性回归模型

模型	R	R²	调整 R²	标准估计的误差	Durbin-Watson
1	0.981ᵃ	0.962	0.959	0.02786	
2	1.000ᵇ	1.000	0.999	0.00323	1.980

a. 预测变量：（常量），湖北省人均 GDP。
b. 预测变量：（常量），湖北省人均 GDP，湖北省水足迹强度。

表 7-21　湖北省水足迹线性回归模型系数

模型		非标准化系数 B	标准误差	标准系数	t	Sig.	容差	VIF
1	（常量）	0.058	0.358		0.161	0.875		
	人均 GDP	0.753	0.040	0.981	18.868	0.000	1.000	1.000
2	（常量）	−1.047	0.054		−19.371	0.000		
	人均 GDP	1.077	0.011	1.402	96.870	0.000	0.174	5.752
	水足迹强度	1.126	0.035	0.464	32.024	0.000	0.174	5.752

　　将湖南省历年数据取对数后进行逐步回归可得表 7-22 与表 7-23 所示结果，由结果可知湖南省水足迹受总人口与第一产业比重影响。水足迹的线性回归模型为 $Y=6.528+0.102X_P-0.220X_{Ag}$。由回归模型可知，湖南省水足迹与水足迹强度呈正相关，与第一产业比重呈现负相关。

表 7-22　湖南省水足迹线性回归模型

模型	R	R²	调整 R²	标准估计的误差	Durbin-Watson
1	0.964ᵃ	0.930	0.925	0.02712	
2	0.974ᵇ	0.949	0.941	0.02414	1.843

a. 预测变量：（常量），湖南省总人口。
b. 预测变量：（常量），湖南省总人口，湖南省第一产业比重。

表 7-23　湖南省水足迹线性回归模型系数

模型		非标准化系数 B	标准误差	标准系数	t	Sig.	容差	VIF
1	（常量）	5.151	0.124		41.700	0.000		
	总人口	0.187	0.014	0.964	13.645	0.000	1.000	1.000
2	（常量）	6.528	0.647		10.094	0.000		
	总人口	0.102	0.041	0.525	2.461	0.029	0.087	11.474
	第一产业比重	−0.220	0.102	−0.460	−2.160	0.050	0.087	11.474

2. 水足迹与经济发展的脱钩分析

从总体来看，2001～2015 年中部地区六省水足迹总量与 GDP 呈正相关关系，水足迹增长与经济增长基本处于稳定状态。

山西省 2002 年与 2010 年为未脱钩状态，2001 年、2005 年、2007 年与 2009 年为绝对脱钩状态，其余年份特别是近四年均为相对脱钩状态（图 7-11），说明山西省水资源较少，随着经济的快速发展，水资源压力在不断增加。

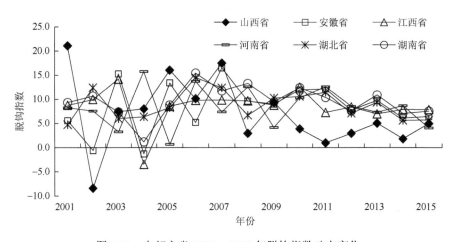

图 7-11　中部六省 2001～2015 年脱钩指数动态变化

安徽省 2003 年、2005 年、2007 年为绝对脱钩状态，2002 年与 2004 年为未脱钩状态，其余年份特别是近七年均为相对脱钩状态（图 7-11），说明安徽省水资源虽然较多，但随着经济的快速发展，水资源压力在不断增加。

江西省 2003 年为绝对脱钩状态，2004 年为未脱钩状态，其余年份特别是近十年均为相对脱钩状态（图 7-11），一方面说明近年来江西经济发展速度很快，另一方面说明江西省水资源虽然很丰富，万元 GDP 用水量不断减少，但水资源压力也在增加。

河南省 2004 年、2011 年为绝对脱钩即优质协调状态，其余年份为相对脱钩状态（图 7-11），主要是因为河南省该年份水足迹增长率为负数，说明河南省水资源虽然较少，但随着产业结构的调整，水资源压力在缓解。

湖北省 2002 年、2006 年为绝对脱钩状态，其余年份特别是近八年均为相对脱钩状态（图 7-11），主要是近年来湖北省经济发展大提速，工业用水、生活用水、进出口虚拟水量等相伴增长，水足迹的增长率介于 0.92～4.33，经济增长与水资源消耗处于初级协调状态，水足迹有待于降低，以便达到理想的协调发展状态。

湖南省 2001～2002 年、2006 年、2008 年与 2013 年为绝对脱钩状态，呈现不规则变化状态，其余年份均为相对脱钩状态（图 7-11）。近五年除 2013 年外，均处于初级协调发展状态，说明湖南省水资源虽然很丰富，万元 GDP 用水量不断减少，但随着社会经济的快速发展，伴随水足迹的增长，水资源压力也在增加，有待进一步降低。

7.5　小　　结

本章对中部地区六省 2000～2015 年水足迹、水足迹盈余/赤字的时空变化进行了研究，构建生态补偿标准模型，量化生态补偿额度，运用多元回归分析方法分析水足迹的影响因素，最后运用脱钩模型，评价水资源利用与经济发展的协调关系，得出以下结论：

（1）中部地区六省生产水足迹呈上升趋势，按总量分为高生产水足迹区（河南省与湖北省）、中生产水足迹区（湖南省、安徽省与江西省）与低生产水足迹区（山西省），其中低生产水足迹区的山西省人口数量也较少。中部地区六省的总生产水足迹组成比例不同，呈现不同的变化趋势，但均表现为农作物水足迹所占比重特别是粮食作物最高，其次是动物产品水足迹。粮食、水产品、猪肉、牛肉、禽肉等是生产水足迹的重要组成部分。

（2）中部地区六省水盈余/赤字呈波动变化趋势，除江西省与湖南省有盈余外，其余省份均表现为水赤字；水足迹效率 2000～2015 年呈上升趋势，但各省水足迹效率差异明显，安徽省、河南省、江西省、湖北省与湖南省的水足迹效率较低，山西省水足迹效率较高。江西省、湖南省历年均要获得生态补偿，2000～2015 年江西省水盈余共需补偿 2159.72 亿元，平均每年 134.98 亿元。湖南省要获得的生态补偿资金呈波动变化趋势，但总体下降，2000～2015 年湖南省水盈余共需补偿 1610.69 亿元，平均每年 100.67 亿元。根据生态补偿优先级，江西省要优先获得水足迹生态补偿额度。支付生态补偿额由大到小依次为：河南省＞山西省＞安徽省。

根据中部地区六省水盈余和水赤字的结果，从六省各类农产品、动物产品、工业用水、生产用水等在水足迹中所占比重的大小及其增长速度可知，水盈余的江西省、湖南省与湖北省需要减少人均水足迹，而要降低人均水足迹就要提高水资源的利用效率，特别要提高占水足迹比重最大的农产品对水资源的利用效率；而水赤字的其他三省（山西省、河南省与安徽省）既要在减少水足迹又要在提高水资源承载力方面降低水赤字，具体措施应结合各省的实际采用差异化的对策。

水足迹分析表明，农业用水量居于首位，说明农业节水仍有较大提升空间。

因此要发展节水农业，提高农田灌溉效率；要采用技术创新，降低农业用水量，通过宣传和推广培养农民节约用水意识，减少农业用水损耗。

江西省全省列为国家生态文明试验区，可通过减少水产品产量、猪肉产量等措施减少水足迹，还可通过政策、资金、项目与技术等方式获得补偿。湖北省水资源量丰富，且科技实力雄厚，产业结构相对较合理，第三产业比重逐年增加，节水意识与措施较先进，故压力不是最大，水资源可持续利用水平较优。

山西省水资源极缺，水资源是制约其能源基地建设的重要因素，从而制约着山西省社会经济发展，但研究表明山西省的水资源利用效率相对其他五省较好，为此当地水资源进一步开发利用的潜力不大，需要调整其产业结构。河南省作为粮食产量居全国第二位的粮食主产区，农业用水总量与比重均较大，水资源压力较大，产业结构有待进一步提高。为此，河南省可通过发展节水农业来减少农业水足迹，进一步优化产业结构，通过增大第三产业的比重使水资源实现更高效的流动与配置。

水足迹可反映人类对水资源的真实占用情况，为流域水资源管理提供决策依据。随着经济社会的快速发展，各地区经济发展极不平衡，水资源的供需矛盾越来越严重，为此，急需提高水资源的利用效率，水权交易市场随之产生，通过水权交易市场配置水资源可达到提高水资源利用效率的目的，是当前生态补偿的重要市场途径（胡小飞，2015；胡小飞等，2016）。本章基于水足迹的中部地区六省生态补偿标准及时空格局可为中部地区水权交易市场的建立提供重要研究基础与依据。本章内容仅考虑了人类对绿水、蓝水足迹的占用，未对灰水足迹进行研究。灰水足迹从水量的角度评价水污染程度，能够更直观地反映水污染对于可用水资源量的影响，对农业、工业、生活部门的灰水足迹有待进一步研究。

第 8 章　基于生态足迹的中部地区生态标准及时空格局

"生态足迹"又称"生态占用""生态脚印",应用得最多的是生态足迹,是指生产任何已知人口(某个人、城市或国家)所消费的所有资源和吸纳这些人口所产生的所有废弃物所需要的生物生产性面积。生态足迹是自然资源计量和生态环境定量评价的重要方法,最早由加拿大经济学家 Rees 提出,随后 Wackemagel 和 Rees 将其推广应用。其主要思路是将某一区域的消费资源和排放废弃物的环境影响量化为这些活动所需要占用的耕地、草地、林地、水域、建设地、碳吸收地 6 类生物生产性土地面积。国内外学者对生态足迹开展了一系列研究,应用领域不断扩大,方法体系日趋改进与完善。根据全球足迹网络(Global Footprint Network,GFN)的最新解释(Borucke et al.,2013),生态足迹被定义为:在现有技术和资源管理水平下,人类活动对生物圈需求的度量。对应的生物承载力被定义为:为人类提供生态系统服务消费的生物生产性土地和海洋面积的度量。本章对中部地区生态足迹进行计算与分析,揭示其生态补偿的时空格局,对于中部地区自然资源的可持续发展与利用具有重要意义。

8.1　生态足迹的文献计量

中文文献在 Web of Science 中国科学引文数据库进行检索,检索式为(题名=生态足迹或者题名=生态占用或者题名=生态脚印),论文发表年限为所有年,共检索到文献总数为 840 篇,其中研究论文(Article)819 篇,综述(Review)15 篇,短文(short paper)6 篇;英文文献在 Web of Science 核心合集中进行检索,子库选择 Science Citation Index Expanded(SCI-EXPANDED)与 Social Sciences Citation Index(SSCI)(检索时间为 2017 年 7 月 30 日),检索途径为 title。检索式为:title=(ecological footprint*),论文发表年限为所有年,共检索出 356 篇文献,其中研究论文(Article)302 篇,综述(Review)12 篇,会议论文(Proceedings Paper)22 篇,Letter 11 篇等,除去 2 篇纠错(Correction),共计 354 篇计入结果。用 Excel 与 Noteexpress 做数据的统计分析。运用美国 Drexel 大学陈超美教授开发的知识图谱可视化分析软件 Citespace 对数据进行分析,通过该软件绘制文献共被引网络,展示生态足迹研究领域的研究热点和发展趋势。

8.1.1　文献数量与分布

根据 2000~2015 年 SCIE 与 SSCI 数据库，2012 年与 2013 年发文量每年 35 篇，2016 年 29 篇，2017 年 21 篇，这几年研究没有 2012 年与 2013 年热（图 8-1）。中国科学引文数据库 2008 年 155 篇，2009 年 137 篇，2010 年 163 篇达到最高峰，此后有关足迹的研究热点慢慢转向碳足迹与水足迹。国际论文 SCIE 与 SSCI 以中国科学院发文量最多，达 30 篇，其次是全球足迹网络（global footprint network，GFN）19 篇。中国科学引文数据库发文最多的是中国科学院地理科学与资源研究所，达 37 篇；陕西师范大学旅游与环境学院 31 篇，排名第二；南京师范大学地理科学学院 26 篇，位居第三。

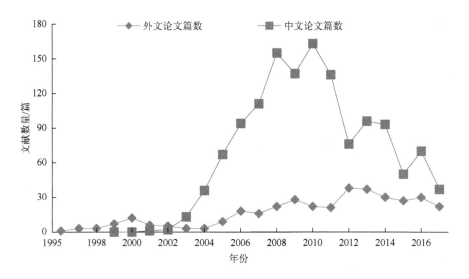

图 8-1　生态足迹中英文文献数量动态变化

生态足迹发文量最多的外文期刊 *Ecological Economics*、发文量第三的 *Sustainability* 与第五的 *International Journal of Sustainable Development and World Ecology*（表 8-1），均是 SCIE 与 SSCI 双收录期刊，影响因子均是 1.6 以上，这些期刊关注资源环境可持续发展与生态经济问题；另外两种发文量多的期刊 *Ecological Indicators* 与 *Journal of Cleaner Production* 影响因子分别为 3.898 与 5.715，为 SCIE 与 EI 双收录期刊（表 8-1）。中文期刊除生态学报仅是 CSCD 核心收录外，其余 4 种期刊均是 CSSCI 核心与 CSCD 核心双收录，表明生态足迹作为可持续发展的一个度量指标，是自然科学与社会科学的研究热点。

表 8-1　生态足迹中英文文献期刊主要分布

序号	期刊名称	文献篇数	2016 年影响因子
1	*Ecological Economics*	64	2.965（一区）
2	*Ecological Indicators*	55	3.898（一区）
3	*Journal of Cleaner Production*	18	5.715（一区）
4	*Sustainability*	13	1.789（三区）
5	*International Journal of Sustainable Development and World Ecology*	12	1.684（三区）
6	生态学报	59	
7	资源科学	49	
8	干旱区资源与环境	43	
9	自然资源学报	30	
10	长江流域资源与环境	29	

外文文献关键词的出现频率分别为 sustainability（42）＞sustainable development（29）＞biocapacity（23）＞China（16）＞carrying capacity（13）＞ecological deficit（12）＞input-output analysis（10）＝emergy（10）＝carbon footprint（10）；中文关键词出现频率排序为生态承载力（428）＞可持续发展（389）＞生态赤字（171）＞生态足迹模型（45）＞旅游生态足迹（40）＝生态安全（40）＞能值分析（30）＞中国（23）＞生态盈余（21）＞生态压力指数（20）＝新疆（20），中英文高频关键词保持高度一致。

8.1.2　高被引论文

生态足迹因直观、综合性强、可操作性好及可以进行全球性比较等优点，被广泛应用于可持续发展度量中（Wackernagel and Yount，1998）。Bicknell 等（1998）对新西兰的生态足迹进行了计算；Wackernagel 和 Yount（1998）将生态足迹应用于区域可持续发展评价，并以美国为例进行了计算；Wackernagel 等（1999b）以意大利为例建立了一个自然资本评估框架，该框架跟踪国民经济的能源和资源吞吐量，并将其转化为产生这些流动所需的生物生产领域，这种计算方法已应用于 52 个国家，可以将人类消费与全球和国家一级的自然资本生产进行比较。同年Wackernagel 等（1999a）应用该方法对瑞典的生态足迹进行计算，说明一个国家的足迹可以用于地区甚至集水区，包括从农田吸收植物养分和提供生活用水的领域（图 8-2）。van den Bergh 和 Verbruggen（1999）发现无论是在贸易和环境方面的文献中，还是在可持续发展的文献中，都没有准确地讨论空间可持续性和区域可持续发展问题，因此，在指标和模型中要增加贸易以便使结果更准确。Lenzen

和 Murray（2001）对生态足迹模型进行了修正并计算了澳大利亚的生态足迹。模型考虑除了二氧化碳以外的温室气体和能源以外的排放源，并对土地利用进行了分类，引入了一个权重系统来描述土地扰动程度，建立了区分进口、国内消费和出口的国家温室气体和生态足迹账户，研究了人口收入、支出、规模和地点等人口因素对生态足迹的影响，得出澳大利亚的生态足迹约为人均 $13.6hm^2$ 的研究结果（图 8-2）。

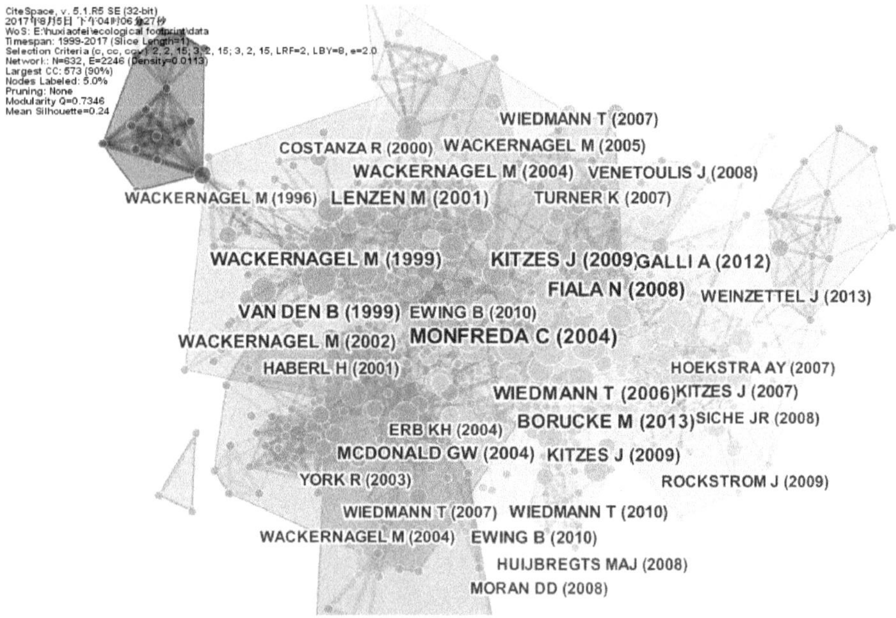

图 8-2　生态足迹外文论文的文献共被引

　　一开始生态足迹作为一种静态指标的分析方法，无法反映未来的趋势，为此，学者们发现时间序列计算可以更好地体现不同区域生态足迹的发展变化过程，从而弥补指标静态性的不足。van Vuuren 和 Smeets（2000）选取了 1980 年、1987 年、1994 年作为研究时间点，计算了贝宁、不丹、哥斯达黎加和荷兰等国家的生态足迹并进行了比较。Hubacek 使用投入产出与生态足迹和水足迹相结合的方法对中国特别是北京 2020 年城市化的轨迹和生活方式的改变及其他重要的社会经济发展情况进行分析。Swartz 等（2010）研究了全球渔业（1950～2005 年）的空间扩展与生态足迹。Galli 等（2012）首次将"足迹家族"定义为生态足迹、碳足迹和水足迹等一系列指标，以跟踪地球和不同角度下人类的压力，该文对生态足迹、碳足迹和水足迹的基本原理和方法，三个指标之间的异同及三个指标如何实现相互作用和相互补充等进行了分析。

生态足迹自 2000 年引入中国后，国内学者们除对生态足迹的理论与方法、概念与模型、国内外研究进展进行介绍外，还将其应用于中国（徐中民等，2003；刘宇辉和彭希哲，2004）、中国 12 省（张志强等，2001）、甘肃省（徐中民等，2000）、澳门市（李金平和王志石，2003）等区域，并且将生态足迹应用于水资源评价（黄林楠等，2008）等领域，这些论文单篇引用次数均达 200 多次，最高的达 1151 次，发表年份多在 2000～2004 年（图 8-3）。

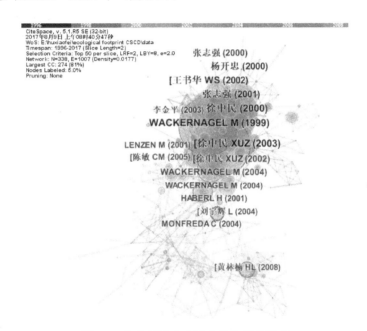

图 8-3　生态足迹中文论文的文献共被引

8.1.3　研究方法

生态足迹模型已被应用于大中尺度如国家足迹核算的实证研究。以投入产出分析（IOA）、生命周期评价（LCA）、净初级生产力（NPP）、新千年生态系统评估（millennium ecosystem assessment，MEA）、土地利用/覆被变化（land use land cover change，LUCC）、能值分析、生态补偿等方法或技术为支撑的研究成果的发表，进一步推动了生态足迹方法学的完善与发展（方恺，2013）。如刘某承及其团队根据植被净初级生产力对中国及各地的均衡因子和产量因子进行了测算以实现本地化（刘某承和李文华，2010；刘某承等，2010）。方恺（2011）通过建立基于净初级生产力的能源足迹模型对吉林省的能源足迹进行了研究，并进行多因素分析。Wiedmann 等（2006）通过结合现有的国家足迹账户和投入产出分析来实证分析英国的供应和投入产出，该方法用投入产出分析重新分配现有的足迹账户使用，列出详细的消费类和家庭支出数据，扩展了生态足迹概念的应用潜力，有助于了解可持续消费的方案、政策和战略（图 8-2）。Turner 等（2007）对投入产出和生态足迹分析相结合的方法进行说明。运用投入产出分析法来计算生态足迹，优点是能够评估环境影响，扩大及精确计算环境影响范围，可用于制定生态承载力的分配政策。能源消费、地区消费、城市、国家、国际贸易的生态足迹核算及其结构分析均是使用投入产出方法计算。特别是多地区投入产出（MRIO）模型被认为是处理国际贸易以及多边贸易的理想模型，能够被用来评价国家进出口以及区域进出口的生态足迹，进而追根溯源。Wiedmann 等（2007）认为区域投入产出方法更具优越性，大大地扩充了生态足迹研究及应用的范围（图 8-2）。

Weinzettel 等（2014）比较了三种计算方法：①一个国家的 EF-GFN 为代表的过程分析账户；②标准环境扩展的多区域投入产出模型（EE-MRIOM）；③混合 EE-MRIOM。过程分析计算了国内生产总值和选定产品的国际贸易。一个标准的 EE-MRIOM 进一步计算所有交易产品上游的足迹，但相关产品的数据不易获得。研究结果表明，标准 EE-MRIO 模型由于低分辨率和数据质量差可能会引起较大误差。混合 EE-MRIO 方法提供了比标准更准确的结果，因为混合 MRIO 方法的数据来源更详细。过程分析低估了进口和出口的足迹，因为它忽视了服务和其他产品的贸易以及上游产品流动。

对均衡因子和产量因子的计算一直是争论的焦点，因为这两个关键参数在计算中所采用的数据不同，将直接影响到计算结果的大小和可比性。若生态足迹的计算中以全球公顷为单位，研究结果不能真实反映该地区资源消费对本地区的生态压力，但可以抵消一部分从不同国家进口资源折算土地面积所造成的误差，并且生态足迹计算结果可以在区域间进行比较。若采用研究区的某种地类的均衡因子，即生态足迹的计算结果以国家公顷或者地区公顷为单位，计算结果能真实反映区域消费对本地区土地的需求数量，并且在计算生态承载力时无须再运用产量因子进行修正（靳相木和柳乾坤，2017）。

8.1.4　生态足迹应用

生态足迹模型的研究不仅在全球、国家和地区层次展开，还被应用于一些行业与产业领域。首先生态足迹模型应用于水产业，Roth 等（2000）在充分考虑了社会、生态和经济因子之间交互作用的基础上，利用生态足迹模型为水产业构建了一个能够深入揭示其内部规律的可持续评价标准。Gössling 等（2002）介绍了计算旅游生态足迹的方法并应用这种方法评价了塞舌尔旅游业的可持续性问题。Hunter 和 Shaw（2005）定义了可持续旅游和生态旅游，同时介绍了旅游生态足迹的概念及其计算范围，并将其应用。Scotti 等（2009）将生态足迹应用到皮亚琴察市的工业、农业、第三产业、运输业、废物管理和废水管理体系中。Sinha 等（2017）将生态足迹作为露天煤矿可持续发展的一个指标。随着人口的增长，能源短缺的问题越来越突出，同时，能源也是生态足迹帐户的一部分。因此，有学者将生态足迹模型应用于能源可持续性度量及方案改进中。Ferng（2001）以一定人口消费的产品与服务体现的初级能源估计能源足迹，形成了减少能源足迹的方案和政策工具模拟，并应用于台湾的能源足迹计算。Holden 和 Hoyer（2005）用生态足迹来选择评价环保型汽车的燃料问题，并提出了有助于可持续运输的建议。

国内生态足迹的实证区域与省域有中国（Liu et al.，2016；Wu and Liu，2016；徐中民等，2003；刘宇辉和彭希哲，2004）、西部 12 省（张志强等，2001）、西北（Yin，et al.，2017）、中部六省、甘肃（徐中民等，2000）、辽宁、吉林、广东、浙江、福建、澳门（李金平和王志石，2003）、海南、天津、江苏（He et al.，2016）、山东等；大中型城市如北京、上海、天津和重庆（胡正李等，2017；Liu et al.，2017）、南京（张童等，2017）等。生态足迹法涉及的领域主要有农业、林业、矿业、旅游、交通、水电、公路建设、物流业、纺织业等；学者们对农牧交错带、西北干旱区、山地生态脆弱区、家庭和个人、能源、国际贸易等领域的生态足迹进行计算，研究 GDP 与生态足迹的关系，城市规划、建设和城市化进程中的生态足迹，生态足迹与生态补偿标准等（胡小飞等，2006；傅春等，2013），众多学者对其研究方法进行了改进（方恺，2015b），近 5 年提出了三维生态足迹的概念。

生态足迹方法的生态补偿研究主要集中于旅游目的、自然保护区、水资源保护、水利工程及广东省、湖南省等各区域或地市。生态足迹方法最早应用于确定生态补偿标准是 2005 年章锦河等（2005）构建基于旅游生态足迹效率的自然保护区居民生态补偿标准的测度模型，并以九寨沟为例进行实证分析。随后金波（2010）以生态足迹的理论和方法为基础建立生态补偿的量化模型和计算方法，研究区域之间的生态补偿量化问题。刘强等（2010）以生态足迹和生态承载力的理论方法为基础，计算出广东全省及各地级市生态足迹和生态承载力状况，确立省内各地级市间的生态补偿标准。蔡海生等（2010）、王亮（2011）、杨志平（2011）、汲荣荣等（2014）建立基于生态足迹的生态补偿标准模型，结合生态足迹效率分别对鄱阳湖自然保护区、盐城丹顶鹤自然保护区、盐城市麋鹿自然保护区、雷公山自然保护区的生态补偿进行定量动态分析。肖建红等（2011）基于生态足迹思想方法构建了 5 个生态补偿主体受益评估模型（生态供给足迹评估模型）和 8 个生态补偿对象受损评估模型（生态需求足迹评估模型），对皂市工程生态补偿标准进行了定量评估。汪运波和肖建红（2014）构建了 5 类渔家乐旅游生态足迹模型，以此为基础，确立了渔家乐旅游生态补偿标准评价模型并以山东省长岛县渔家乐为案例对海岛型旅游目的地生态补偿标准进行研究。徐秀美与郑言（2017）基于旅游生态足迹模型对拉萨乡村旅游地——次角林村的生态补偿标准进行研究。卢新海和柯善淦（2016）基于生态足迹模型测算长江流域各省份水资源超载指数，结合谢高地等的中国陆地生态系统服务价值的研究结果，考虑地区补偿能力，构建水资源生态补偿的量化模型，计算各省份应当支付的生态补偿量。郭荣中及其团队在对长株潭三市、澧水流域生态系统服务价值和生态足迹进行评估和计算的基础上，结合研究区域经济社会发展水平探讨研究区域的生态补偿优先级，并建立生态系统服务价值与补偿量之间的转化关系，测算了长株潭三市与澧水流域的生态补偿额度（郭荣中等，2017；郭荣中和申海建，2017）。肖建武等（2017）运用生态足迹模型方法，计量了湖南省所辖 14 个地州的生态足迹和生态承载力，以此为基础核算了湖南省所辖 14 个地州间区际生态补偿标准。

8.1.5　足迹家族

以生态足迹、碳足迹和水足迹等为代表的足迹类指标，是生态经济学研究的重要手段，引起越来越多人的关注。因为环境问题的复杂性与全球性，单一的足迹指标已不能满足环境影响综合评估的需要，因此，有学者提出足迹家族，并且取得了较多研究成果（方恺，2015）。

足迹家族最早由 Galli 于 2012 年提出，由碳足迹、水足迹和生态足迹组成的指标集合用于评估人类的温室气体排放、对水资源与生物资源生态系统的影响。如表 8-2 所示，碳足迹主要集中在气候变化和大气污染控制领域；水足迹主要集中在水资源管理和水污染监测领域；生态足迹主要集中在自然资源管理和公共政策领域；足迹家族整合碳足迹、水足迹与生态足迹指标的决策相关性，为评估温室气体排放、气候变化、水污染、水资源利用、生物多样性保护、可持续消费、自然资源开发和管理领域提供决策信息。由碳足迹、水足迹和生态足迹整合的足迹家族可从不同角度评估某生态系统所承受的压力（方恺，2015）。

表 8-2　生态足迹、碳足迹与水足迹的区别（方恺，2015）

项目	生态足迹	碳足迹	水足迹
起源	承载力	全球变暖	虚拟水
问题	由生物资源消费和废弃物排放引起的生物生产性土地占用量	由产品或活动引起的碳排放量	由产品或活动引起的水资源消费量
方法	NFA、IOA、LCA、NPP、MEA、能值、放射能	IOA、LCA、混合方法	IOA、LCA
单位	面积（hm^2）	质量（t）	体积（m^3）
指标	耕地、草地、林地、渔业、建设地、碳吸收地	CO_2、CH_4、N_2O	蓝水、绿水、灰水

　　方恺等从对碳足迹、水足迹与生态足迹的概念与方法进行比较，也有其他学者对已有各类足迹在基本概念、研究方法及实证应用等方面进行了研究。足迹家族整合呈现组成多样化、模型规范化、结果标准化及数据网络化等特征。在方法标准化方面碳足迹和水足迹已取得部分成果，如有关碳足迹发布了 PAS2050、ISO14067 等标准，水足迹方法发布了 ISO14046 标准。如何对足迹类指标进行对比研究，评估不同足迹指标之间在替代性、互补性、兼容性等方面的特点，从而为足迹家族的定量化研究提供依据，是未来的研究方向。国际有关足迹的研究呈现新趋势：即研究热点由单一足迹的模型改进向多种足迹方法融合转化，研究机构由美国 GFN 逐渐向瑞典、英国、荷兰、意大利等欧洲国家转移，国际合作日益广泛而密切（方恺，2015）。

8.2　数据获取与处理

8.2.1　数据来源及说明

　　本书基础数据来源于《中国统计年鉴》（2001～2016 年）、《中国环境统计年鉴》（2001～2016 年）、《中国农村统计年鉴》（2001～2016 年）、《山西统计年鉴》（2001～2016 年）、《安徽统计年鉴》（2001～2016 年）、《河南统计年鉴》（2001～2016 年）、《江西统计年鉴》（2001～2016 年）、《湖北统计年鉴》（2001～2016 年）、《湖南统计年鉴》（2001～2016 年）及各省份年度统计公报、历年政府工作报告，少数数据来源于已发表的其他文献等。

　　由于数据获取的局限性，未能将所有的生物消费进行计算，因此，本书计算结果小于实际生态足迹。世界环境与发展委员会（World Commission on Environment and Development，WCED）的研究结果表明，全球必须至少拿出 12% 的生态承载力用于生物多样性的保护，为此，本书在计算生态承载力时，所得结果均是指扣除 12%的生物多样性保护面积之后的值。

　　在生态承载力的计算中，由于不同地区的资源禀赋不同，不仅单位面积的不同生物生产类型土地的生态生产能力差异很大（经过均衡因子调整），而且不同地区的同类型生物生产类型土地的生态生产能力也不同（通过产量因子调整）。为便于中部地区六省的横向比较分析，本书的均衡因子采用 Wackernagel 等（1999a）在 1999 年统计的均衡因子、《中国生态足迹报告 2012》与刘某承和李文华（2010b）的平均值（表 8-3）。

表 8-3　四类土地类型的均衡因子

来源	耕地	林地	草地	建筑用地
Wackernagel 等，1999a	2.80	1.10	0.50	2.80
中国生态足迹报告 2012	2.39	1.25	0.51	2.39
刘某承和李文华，2010b	1.71	1.41	0.44	1.71
平均	2.30	1.25	0.48	2.30

产量因子会由于土地类型的不同而不同，即使是同一种类型的土地在不同区域、同一块土地在不同科技背景与不同年份都会有不同的产量因子。为了能将中部地区六省的生态承载力进行资源禀赋的横向比较，本书将采用统一的产量因子，即取自 Wackernagel 等 1999 年计算中国生态足迹的取值、《中国生态足迹报告2012》取值及刘某承等（2010a）取值的平均值（表 8-4）。

表 8-4 四类土地类型的产量因子

来源	耕地	林地	草地	建筑用地
Wackernagel 等，1999b	1.66	0.91	0.19	1.66
中国生态足迹报告 2012	1.71	0.95	0.48	1.71
刘某承等，2010a	1.74	0.86	0.51	1.74
平均	1.70	0.91	0.39	1.70

本章将碳吸收地足迹从生态足迹账户中移除，以避免与碳足迹重复计算；将渔业足迹从生态足迹账户中移除，以避免与水足迹重复计算。仅计算生态足迹的中的生物资源和电力两部分。其中，资源账户包括谷物、豆类、薯类、棉花、油料、甘蔗、蔬菜、瓜类、茶叶、水果、木材、猪肉、牛肉、羊肉、禽肉、牛奶、禽蛋、水产品等（陈炜，2011）。各资源的平均产量如表 8-5 所示。

表 8-5 资源账户的世界平均产量

资源账户	土地类型	平均产量	资源账户	土地类型	平均产量
谷物	耕地	2.744	水果	林地	3.500
豆类	耕地	1.856	木材*	林地	1.990
薯类	耕地	12.607	猪肉	耕地	0.457
棉花	耕地	1.000	牛肉	草地	0.033
油料	耕地	1.856	羊肉	草地	0.033
甘蔗	耕地	48.315	禽肉	草地	0.457
蔬菜	耕地	18.000	牛奶	草地	0.502
瓜类	耕地	18.000	禽蛋	耕地	0.400
茶叶	林地	1.178	电力**	建筑用地	1000

*木材的世界平均产量单位为 m^3/hm^2；其他消费项目单位的世界平均产量单位为 t/hm^2。
**电力消费项目折算系数的单位为 $GJ/10^4kWh$。

根据上述生态足迹计算方法和参数，结合中部地区六省的统计数据，对中部六省的生态足迹进行实际计算和分析。由于中部地区各省的贸易数据难以获取，计算中未考虑该部分。

8.2.2　计算模型

1.三维模型

生态足迹计算公式为（Wackernagel and Rees，1996）：

$$EF = \sum r_j \times \frac{(P_i + I_i - E_i)}{Y_i} \tag{8-1}$$

式中，i 为消费项目的类型；j 为生物生产面积的种类；Y_i 为生物生产土地生产第 i 种消费项目的年（世界）平均产量（kg/hm²）；P_i 为第 i 种消费项目的年生产量；I_i 为第 i 种消费项目年进口量；E_i 为第 i 种消费项目的年出口量；r_j 为均衡因子（某类生物生产面积的均衡因子等于全球该类生物生产面积的平均生态生产力与全球各类生物生产面积的平均生态生产力的比率）。

生态承载力是指一个地区所能提供给人类的生态生产性土地的面积总和（Wackernagel and Rees，1996；Wackernagel and Yount，1998）。

$$BC = a_j \times r_j \times y_j \tag{8-2}$$

式中，BC 为生态承载力（hm²）；a_j 为 j 类土地类型面积；r_j 为均衡因子；y_j 为产量因子（一个国家或地区某类土地平均生产力与世界同类平均生产力的比率）。

生态盈余或生态赤字计算公式为

$$EF = ED + BC \tag{8-3}$$

式中，ED 为生态盈余或赤字（hm²）。ED<0 为生态盈余，表明该区域可利用的本地生态承载力大于其生态足迹；ED>0 为生态赤字，表明该区域生态足迹超出该区域的生态承载力（方恺和 Heijungs，2012）。

方恺和 Heijungs（2012）构建了生态足迹三维模型（图 8-4），在三维模型中引入自然资源存量的概念。自然资源存量是相对于自然资源流量而言的，当自然资源流量不能满足人类消耗时，额外的消耗来自自然资源存量。

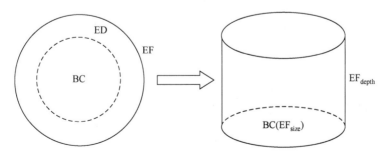

图 8-4　生态足迹三维模型

$$0 \leqslant EF_{size} \leqslant BC \tag{8-4}$$

$$EF = EF_{size} \times EF_{depth} \tag{8-5}$$

$$EF_{depth} = 1 + \frac{EF - BC}{BC} \tag{8-6}$$

式中，EF_{size} 为生态足迹广度；EF_{depth} 为生态足迹深度。

在三维模型中，当生态足迹小于生态承载能力时，以足迹广度来表征人类活动对自然资源流量的占用程度，此时足迹广度等于生态足迹 [式（8-4）]；当生态足迹大于生态承载力时，就会引入足迹深度指标来表征人类活动对自然资源存量的占用程度 [式（8-5）]。足迹深度等于生态足迹与生态承载力之比 [式（8-6）]，该比值用以表示为满足区域发展需求，理论上需要多少倍的生态生产性土地面积才能满足人们对自然资源消费需求。足迹深度是一个在时间尺度上反映区域生态压力的指标（靳相木和柳乾坤，2017）。

生态足迹和生态承载力的计算主要有两种方法：一种是根据统计的人均消费数据或人均生物生产面积数据，求出人均生态足迹需求或人均生态承载力，再乘以人口总数，获得区域总人口的生态足迹需求或生态承载力；另一种是根据统计的地区总消费数据或总生物生产面积，计算出总生态足迹需求或总生态承载力，再除以总人口得人均生态足迹或生态承载力。本书采用第二种方法。由于数据不易获取，本书假设区域消费项目的进口量和出口量相等，未考虑区域消费进出口的影响。

2.生态补偿标准模型

$$EE_i = |EF_i - BC_i| \times ESV \times R_i \tag{8-7}$$

式中，EE_i 为 i 地区获得或支付生态补偿额（万元）；EF_i 为 i 地区生态足迹（hm^2）；BC_i 为 i 地区生态承载力（hm^2）；ESV 为单位面积生态系统服务价值（元）；R_i 为生态补偿修正系数。

$$R_i = \frac{GDP_i}{GDP} \times \frac{POP_i}{POP} \tag{8-8}$$

式中，GDP_i 为区域 i 的国内生产总值（元）；GDP 为总研究区域的国内生产总值（元）；POP_i 为区域 i 的人口（人）；POP 为总研究区域的人口（人）。

3. 粮食耕地需求量测算模型

粮食生态补偿综合考虑各省份总人口、单位面积粮食产量、粮食自给率及人均粮食消费量等因素来计算各省份粮食耕地需求量。

$$FAR_i = \frac{N_i \times \alpha_i \times \beta_i}{\gamma_i} \tag{8-9}$$

式中，FAR_i 为该省份粮食耕地总需求量（万 hm^2）；N_i 为总人口数（万人）；α_i 为粮食自给率；β_i 为人均粮食需求量（t）；γ_i 为单位面积粮食产量（t/hm^2）。

8.3 中部地区生态足迹与生态承载力时空格局

8.3.1 中部地区生态足迹时空格局

中部地区六省 2000~2015 年耕地生态足迹变化趋势如图 8-5 所示，河南省的耕地生态足迹最高，除 2003 年各种农产品因为气候原因有明显下降外其余年份平稳增长，年平均值为 9071.53 万 hm^2，远高于其他省份；其次是湖南省，年平均值为 5215 万 hm^2，其他省份依次是安徽省（4602.62 万 hm^2）>湖北省（4439.14 万 hm^2）>江西省（2954.11 万 hm^2）>山西省（1621.57 万 hm^2）。耕地生态足迹增长率最高的是山西省，年增长率为 3.17%；其他省份的耕地生态足迹的增长率分别为江西 2.60%、河南 2.49%、安徽 2.15%、湖北 2.09%、湖南 1.44%。

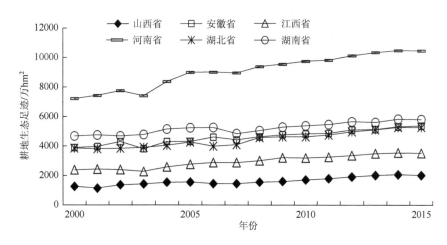

图 8-5 中部地区 2000~2015 年耕地生态足迹动态变化

根据世界粮食及农业组织和国内学者的研究成果，初步确定中国人均粮食消费量为每人 400kg，而目前我国的粮食自给率 α 为 95%。将其代入公式（8-9）计算可得表 8-6 所示数据。从表 8-6 可以看出，粮食耕地需求量以河南省最高，16 年间平均值达 700.67 万 hm^2；其次是安徽省，平均值为 515.28 万 hm^2；其余四省按大小排序分别为湖南省（429.86 万 hm^2）>山西省（391.04 万 hm^2）>湖北省（387.24 万 hm^2）>江西省（313.12 万 hm^2）。2000~2015 年中部地区六省虽然人口不断增长，但粮食耕地需求量总体呈现下降趋势，主要是由粮食单位面积产量即生产率提高所致。粮食耕地需求量 2003 年明显高于其他年份，这是由该年份气候原因导致粮食单位面积产量较低引起的。

表 8-6　中部地区 2000～2015 年粮食耕地需求量（万 hm²）

年份	山西省	安徽省	江西省	河南省	湖北省	湖南省
2000	460.74	579.12	324.39	793.75	401.93	453.13
2001	516.77	544.06	324.62	777.49	403.74	445.81
2002	407.20	514.37	330.05	778.71	408.83	468.55
2003	372.14	651.06	340.08	918.32	400.06	469.49
2004	349.09	544.56	327.95	777.51	382.74	458.35
2005	395.44	572.24	320.90	712.03	391.31	434.23
2006	354.67	524.23	308.36	656.78	398.10	412.71
2007	387.65	519.05	307.26	642.02	394.53	406.46
2008	392.31	505.92	305.50	641.08	380.66	396.60
2009	434.96	501.31	303.12	647.81	377.69	402.47
2010	405.41	486.18	315.67	640.25	382.39	421.65
2011	376.23	478.92	303.24	634.66	377.61	416.08
2012	354.48	458.12	301.77	632.95	375.93	411.84
2013	344.06	467.39	299.72	710.85	373.54	428.98
2014	342.18	454.58	297.73	637.14	376.90	426.99
2015	363.34	443.43	299.50	609.34	369.86	424.43
平均值	391.04	515.28	313.12	700.67	387.24	429.86

如图 8-6 所示，中部地区 2000～2015 年林地生态足迹也是河南省最高，呈波动增长，年平均值为 775.77 万 hm²，远高于其他省份；其次是湖南省，年平均值为 573.53 万 hm²，其他省份依次是安徽省（490.28hm²）＞湖北省（368.36hm²）＞江西省（336.62hm²）＞山西省（162.83hm²），与耕地生态足迹总量呈现相同的空间格局与分布。各省份的林地生态足迹波动较大，主要是各年份茶叶、水果与木材产量变化较大。研究期间增长率最高的是河南省，年均增长率为 10.36%；其他省份的林地生态足迹的年均增长率分别为山西 9.77%、湖北 9.04%、安徽 7.28%、江西 5.82%、湖南 2.40%，增长率较耕地生态足迹高。

如图 8-7 所示，中部地区 2000～2015 年草地生态足迹的分布也是河南省的最高，河南省 2000～2005 年草地生态足迹逐年增长，2006 年下降明显，降幅达 25.87%，随后变化平缓并稍有增长，年平均值为 1983.60 万 hm²，远高于其他省份；其次是安徽省，年平均值为 690.27 万 hm²，其他省份依次是湖北省（426.16 万 hm²）＞湖南省（416.06 万 hm²）＞山西省（255.56 万 hm²）＞江西省（227.07 万 hm²），河南省草地生态足迹是江西省草地生态足迹的 8.74 倍。研究期间除江西省（5.59%）、湖北省（4.36%）的草地生态足迹年均增长率较大外，其余省份的年均增长率均不到 1%，变化缓慢。

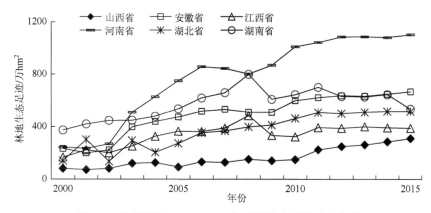

图 8-6　中部地区 2000~2015 年林地生态足迹动态变化

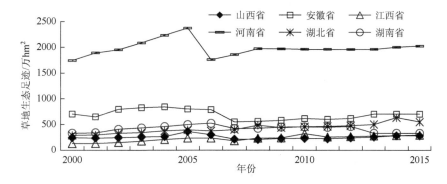

图 8-7　中部地区 2000~2015 年草地生态足迹动态变化

中部地区 2000~2015 年建筑用地生态足迹呈快速增长趋势（图 8-8）。河南省的建筑用地生态足迹最高，年平均值达到 163.61 万 hm²；其次是山西省，年平均值达到 106.97 万 hm²，其他省份 16 年间的平均值依次是湖北省（90.79 万 hm²）>湖南省（80.83 万 hm²）>安徽省（76.10 万 hm²）>江西省（49.42 万 hm²）。研究期间各省份的建筑用地生态足迹呈快速增长趋势，增长率介于 9.58%~12.63%。

2000~2015 年中部地区总生态足迹呈快速增长趋势（图 8-9），山西省、安徽省、江西省、河南省、湖北省、湖南省的年均增长率分别为 3.71%、1.66%、3.83%、3.02%、3.46%、2.28%，以江西省的增长率为最高，安徽省的增长率最低。中部地区河南省总生态足迹远远高于其他省份，16 年间总生态足迹达 19.08 亿 hm²，其次是湖南省、安徽省、湖北省、江西省、山西省。山西省历年总生态足迹居中部最低。

生态足迹的结构不仅可反映区域的消费结构，而且能反映区域经济社会发展的整体状况。从中部地区历年生态足迹组成来看，耕地生态足迹所占比重最大，呈波动下降趋势，由 2000 年的 82.62% 下降到 2015 年的 78.64%；其次是草地生

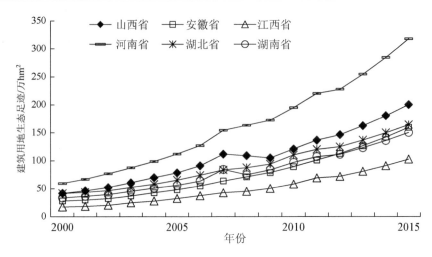

图 8-8　中部地区 2000～2015 年建筑用地生态足迹动态变化

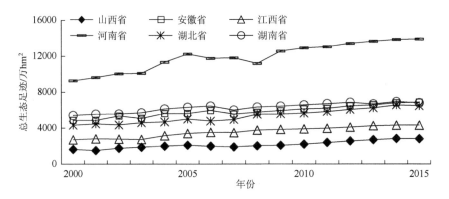

图 8-9　中部地区 2000～2015 年总生态足迹动态变化

态足迹，所占比重呈下降趋势，由 2000 年的 12.21%下降到 2015 年的 10.17%；再次是林地生态足迹，其比重呈上升趋势，由 2000 年的 4.38%增加到 2015 年的 8.53%；建筑用地所占的比重最低但呈快速增长趋势（表 8-7）。这表明人类的城市建筑面积快速增长，与目前的城市化进程加快有关，城市的发展加剧了资源和能源的消耗，中部地区生态系统压力也随之增大。

表 8-7　中部地区生态足迹组成动态变化

年份	耕地	林地	草地	建筑用地
2000	0.8262	0.0438	0.1221	0.0079
2001	0.8181	0.0503	0.1232	0.0084
2002	0.8157	0.0453	0.1300	0.0090

续表

年份	耕地	林地	草地	建筑用地
2003	0.7853	0.0672	0.1373	0.0102
2004	0.7894	0.0669	0.1332	0.0106
2005	0.7825	0.0717	0.1345	0.0113
2006	0.7890	0.0825	0.1155	0.0130
2007	0.7900	0.0865	0.1074	0.0160
2008	0.7814	0.0907	0.1121	0.0159
2009	0.7978	0.0789	0.1073	0.0160
2010	0.7888	0.0852	0.1081	0.0179
2011	0.7851	0.0915	0.1037	0.0198
2012	0.7892	0.0885	0.1022	0.0201
2013	0.7897	0.0877	0.1005	0.0220
2014	0.7870	0.0864	0.1027	0.0238
2015	0.7864	0.0853	0.1017	0.0266

从中部地区生态足迹所占比重来看，江西省、湖南省与湖北省耕地生态足迹所占比重均大于 83%，其余三省介于 75%～79%，主要是因为江西省、湖南省与湖北省的农产品产出高，是农产品输出省份。江西省与湖南省的林地生态足迹百分比较高，分别为总足迹的 9.37% 与 9.07%，主要是因为江西省力主打造鄱阳湖生态经济区，湖南省建设洞庭湖生态经济区，注重对森林资源的保护与开发利用。特别是江西省，全省被划为国家生态文明试验区，非常注重生态文明建设。

2000～2015 年中部地区人均生态足迹呈快速增长趋势（图 8-10），山西省、河南省、湖北省、湖南省、江西省、安徽省的年均增长率分别为 2.86%、2.30%、

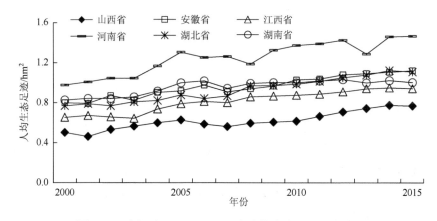

图 8-10　中部地区 2000～2015 年人均生态足迹动态变化

2.48%、2.74%、2.49%、1.31%，其中山西省年均增长率最高，安徽省的年均增长率最低。河南省的人均生态足迹在 2000～2015 年远高于其他五省，16 年间人均生态足迹由大至小低次排序为：河南省＞安徽省＞湖南省＞湖北省＞江西省＞山西省。人口因素是影响地区总生态足迹的重要因素。如河南省的人均生态足迹与总生态足迹远高于其他省份；主要是因为河南省是农业大省，耕地生态足迹基数大，表明地区发展战略与当地居民的消费方式对生态足迹具有重要影响。

8.3.2　中部地区生态承载力时空格局

2000～2015 年中部地区生态总承载力基本呈上升趋势。河南省人口众多，生态承载能力一直高于其他省份，16 年总体呈上升趋势，年均增长率为 1.38%；湖南省的总生态承载力排名第二，增长较平缓，年均增长率仅 0.76%；安徽省与湖北省的生态承载力相差不大且 2009 年后得到较显著的提升，主要是由于森林面积、耕地面积及建设用地面积增长，年均增长率分别为 2.07% 与 3.00%；江西省的生态承载力则一直是稳步增加，年均增长率为 1.46%；山西省的生态承载力在中部地区最小且研究期间基本持平，有总体微增态势（图 8-11）。

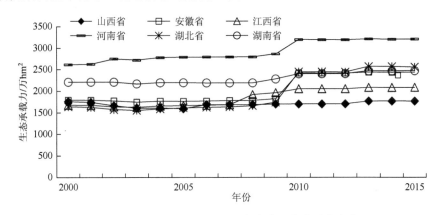

图 8-11　中部地区 2000～2015 年生态承载力动态变化

总生态承载力虽然表现的是人类对自然环境改善的效果，但是人均生态承载力比总生态承载力更能真实地反映地方生态环境的承载能力。将总生态承载力除以总人口得到人均生态承载力。生态承载力主要受两方面因素影响，一方面可以通过科技投入提高单位面积产量，另一方面可以通过改变土地用途来增加或减少生态承载力（傅春等，2013）。

2000～2015 年中部地区的平均人均生态承载能力依次是山西省＞江西省＞湖南省＞湖北省＞安徽省＞河南省；16 年间除山西省外，其他省份的人均生态承载力呈上升趋势，增长率介于 0.53%～2.75%，远小于人均生态足迹的增长率（表 8-8）。

表 8-8　中部地区 2000～2015 年人均生态承载力

年份	山西省	安徽省	江西省	河南省	湖北省	湖南省
2000	0.5422	0.2945	0.4045	0.2755	0.2907	0.3368
2001	0.5326	0.2923	0.3999	0.2747	0.2877	0.3350
2002	0.5052	0.2892	0.3883	0.2858	0.2779	0.3334
2003	0.4846	0.2831	0.3826	0.2815	0.2736	0.3255
2004	0.4827	0.2839	0.3870	0.2860	0.2791	0.3284
2005	0.4757	0.2884	0.3866	0.2974	0.2827	0.3477
2006	0.4999	0.2899	0.3867	0.2972	0.2859	0.3455
2007	0.4974	0.2913	0.3860	0.2984	0.2871	0.3449
2008	0.4948	0.2910	0.4366	0.2964	0.2911	0.3436
2009	0.4967	0.2974	0.4431	0.3018	0.3048	0.3565
2010	0.4763	0.4061	0.4604	0.3403	0.4272	0.3658
2011	0.4740	0.4050	0.4578	0.3405	0.4245	0.3645
2012	0.4727	0.4037	0.4562	0.3398	0.4226	0.3624
2013	0.4872	0.4046	0.4611	0.3031	0.4436	0.3693
2014	0.4857	0.3966	0.4590	0.3383	0.4394	0.3645
2015	0.4824	0.3971	0.4570	0.3385	0.4369	0.3647
平均值	0.4998	0.3386	0.4301	0.3105	0.3497	0.3565
年均增长率	−0.0078	0.0201	0.0082	0.0138	0.0275	0.0053

　　2000～2015 年中部地区的生态赤字在增长（图 8-12），其中河南省的生态赤字最多，年均达到 9002.59 万 hm²，排名第二的是湖南省，年均生态赤字为 3992.53 万 hm²，湖北省与安徽省相差不大，江西省生态赤字总量排名第五，但其增长也较快，达到 5.25%，山西省生态赤字最小。中部地区的生态赤字状态表明中部地区生态系统处于不安全状态，区域发展为不可持续。

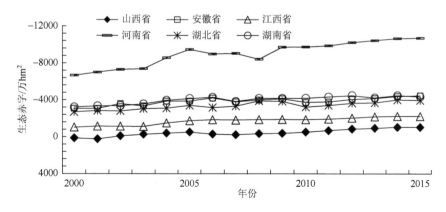

图 8-12　中部地区 2000～2015 年生态赤字动态变化

由于人均生态承载力保持平稳，人均生态足迹呈现较明显的增长趋势，造成人均生态赤字不断增长，说明随着社会经济的发展，中部地区六省的生态环境有恶化的趋势。河南省的人均生态赤字一直最高，研究期间人均生态赤字平均值为 0.9429hm^2，这与河南省的农业粮食生产与输出有关系。山西省的人均生态赤字最小，平均值为 0.1265hm^2，其余 4 省 2000～2015 年人均生态赤字平均值由大到小分别为安徽省＞湖南省＞湖北省＞江西省（图 8-13）。

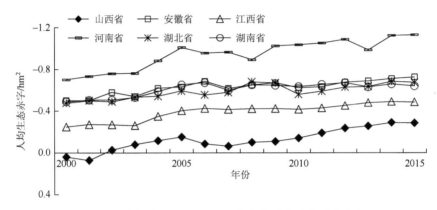

图 8-13　中部地区 2000～2015 年人均生态赤字动态变化

用中部地区六省各自的耕地面积与各自的粮食耕地总需求量进行比较，其差额表示该省份粮食耕地总盈亏量，大于零表示该省份处于粮食耕地盈余状态，小于零表示该省份处于粮食耕地亏损状态。中部地区 2000～2015 年耕地盈亏平衡总体表现为亏损状态，与生态足迹计算中耕地处于生态赤字的趋势基本一致（表 8-9）。山西省除 2000～2002 年、2005 年与 2009 年外，其余年份耕地均有盈余；安徽省自 2010 年开始耕地出现盈余，研究期间耕地总体为亏损状态；江西省、湖北省与安徽省的趋势基本一致，分别自 2011 年与 2010 年开始有耕地盈余；河南省耕地总体为盈余状态，仅 2000～2004 年出现亏损；湖南省除 2012 年略有盈余外，其余年份均为亏损。而通过生态足迹的计算发现中部地区耕地生态承载力除山西省少数年份大于生态足迹有盈余外，其余省份在研究期间均表现为生态赤字。

表 8-9　中部地区 2000～2015 年耕地供需平衡表（万 hm^2）

年份	山西省	安徽省	江西省	河南省	湖北省	湖南省
2000	−26.54	−156.16	−99.06	−106.22	−73.63	−57.83
2001	−87.77	−122.19	−100.59	−86.76	−79.46	−50.51
2002	−0.89	−96.59	−115.99	−52.41	−99.43	−73.25
2003	17.25	−242.59	−129.47	−199.60	−96.71	−86.12

续表

年份	山西省	安徽省	江西省	河南省	湖北省	湖南省
2004	34.29	−133.67	−120.59	−59.76	−73.56	−76.70
2005	−16.12	−162.99	−111.09	8.21	−75.19	−52.63
2006	50.76	−112.53	−95.69	63.46	−77.94	−33.95
2007	17.69	−104.55	−92.62	78.17	−71.87	−27.56
2008	13.28	−91.42	−22.78	79.14	−51.73	−17.66
2009	−29.38	−84.19	−20.41	72.83	−48.76	−23.40
2010	0.17	103.22	−7.07	177.50	148.84	−7.90
2011	29.35	109.73	5.29	181.53	152.54	−2.28
2012	51.94	130.01	6.58	182.73	153.07	2.78
2013	62.36	120.92	9.01	103.22	154.64	−14.03
2014	64.66	132.63	10.81	174.65	149.27	−12.09
2015	42.54	143.86	8.77	201.25	155.64	−9.41
平均值	13.97	−35.41	−54.68	51.12	10.36	−33.91

　　研究期间，江西省、湖北省、湖南省林地生态承载力均大于生态足迹，供给大于消费，有生态盈余。安徽省除 2000～2002 年林地生态承载力大于其生态足迹外，其余年份均表现为林地生态赤字；山西省除 2011 年、2012 年、2014 年与 2015 年为生态赤字外，其余年份均为林地生态盈余；河南省历年林地生态足迹大于生态承载力，表现为生态赤字，反映了河南省的居民消费活动已经超过了林地的生态容量，对资源环境造成了较大压力。2000～2015 年，中部地区的草地、建筑用地生态承载力均小于草地、建筑用地生态足迹，供给小于消费，为生态赤字，反映了中部地区人民对草地和建筑用地的需求超出生态系统的承载力。

8.4　生态足迹效率与生态补偿

8.4.1　生态足迹效率

　　生态足迹效率即为万元 GDP 生态足迹，反映自然资源的利用效率，其值越大说明资源利用效率越低（胡小飞等，2006）。中部地区万元 GDP 生态足迹呈现波动下降趋势（图 8-14），表明中部地区的资源消耗虽然有所增加，但由于经济和科技水平的提高，对资源的利用效率越来越高。中部地区六省中湖南省的下降趋势最明显，由 2000 年的 1.53hm²/万元下降到 2015 年的 0.23hm²/万元，年均下降11.87%，湖北省由 2000 年的 1.22hm²/万元下降到 2015 年的 0.22hm²/万元，年均下降 10.80%，安徽省、江西省、河南省、山西省的下降速率分别为 10.58%、10.47%、9.93% 与 8.87%。历年河南省的万元 GDP 生态足迹效率最高，研究期间平均值达 0.9262hm²/万元，高于其他五省。

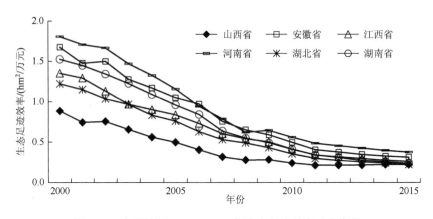

图 8-14　中部地区 2000～2015 年生态足迹效率动态变化

8.4.2　生态足迹深度时空分布

生态足迹深度表现为生态足迹与生态承载力的比值，表示人类对自然资源的实际消费量与自然资源的承载力之比。2000～2015 年中部地区六省除湖北省外其余省份生态足迹深度在增长（图 8-15），年均增长率介于 0.28%～3.67%，表明中部地区的生态压力在增长。其中河南省的生态足迹深度最高，说明其生态压力最大，山西省与江西省的生态足迹深度较低，其生态压力相对较低，其余三省份别为安徽省＞湖北省＞湖南省。

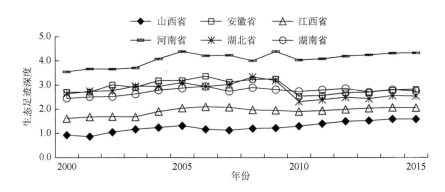

图 8-15　中部地区 2000～2015 年生态足迹深度动态变化

用中部地区六省各自的耕地面积与各自的粮食耕地总需求量相减后与其各自

的耕地面积相除，其比值表示该省份粮食耕地生态压力，大于零且数值越大表示该省份粮食耕地生态压力越小，小于零且其值越小表示该省份粮食耕地生态压力越大。大多年份山西省与河南省的生态压力指数均大于零，表明河南省与山西省大多年份属于耕地生态盈余区，应获得耕地生态补偿。安徽省、江西省的粮食耕地前期压力较大后期较小但总体有压力（表8-10）。湖北省2010年耕地面积增长幅度大使得其生态压力减少很多。湖南省虽然除2012年外其余年份生态压力指数均小于零，但其生态压力数值呈现增长趋势，表明其生态压力在减少。

表 8-10 中部地区 2000～2015 年耕地生态压力值

年份	山西省	安徽省	江西省	河南省	湖北省	湖南省
2000	−0.0611	−0.3692	−0.4396	−0.1545	−0.2243	−0.1463
2001	−0.2046	−0.2896	−0.4490	−0.1256	−0.2450	−0.1278
2002	−0.0022	−0.2312	−0.5418	−0.0722	−0.3214	−0.1853
2003	0.0443	−0.5939	−0.6147	−0.2777	−0.3188	−0.2246
2004	0.0894	−0.3253	−0.5815	−0.0833	−0.2379	−0.2010
2005	−0.0425	−0.3983	−0.5295	0.0114	−0.2378	−0.1379
2006	0.1252	−0.2733	−0.4500	0.0881	−0.2434	−0.0896
2007	0.0436	−0.2522	−0.4315	0.1085	−0.2227	−0.0727
2008	0.0327	−0.2206	−0.0806	0.1099	−0.1573	−0.0466
2009	−0.0724	−0.2018	−0.0722	0.1011	−0.1482	−0.0617
2010	0.0004	0.1751	−0.0229	0.2171	0.2802	−0.0191
2011	0.0724	0.1864	0.0171	0.2224	0.2877	−0.0055
2012	0.1278	0.2211	0.0213	0.2240	0.2894	0.0067
2013	0.1534	0.2055	0.0292	0.1268	0.2928	−0.0338
2014	0.1589	0.2259	0.0350	0.2151	0.2837	−0.0291
2015	0.1048	0.2450	0.0284	0.2483	0.2962	−0.0227
平均值	0.0356	−0.1185	−0.2551	0.0600	−0.0392	−0.0873

8.4.3 生态足迹影响因素

为研究生态足迹和社会经济的关系及生态足迹的影响因素，本书引入STIRPAT 模型来分析人类社会经济活动对生态足迹的影响（陈操操等，2014），公式如下：

$$\ln I = \ln a + b_1(\ln P) + b_2(\ln Ur) + c_1(\ln A) + c_2(\ln Exp) + d_1(\ln E)$$
$$+ d_2(\ln Ag) + d_3(\ln Id) + \ln \mu$$

式中，I 为人类活动对环境造成的影响，这里取生态足迹；人口因素，这里取人口总数量（P）与城镇化率（Ur）；富裕因素即经济因素，这里取人均 GDP（A）与城镇居民年人均消费支出（Exp）；技术因素，取单位 GDP 生态足迹（E）、第一产业比重（Ag）、第二产业比重（Id）；a、b、c、d 为待估参数；μ 为随机扰动项。GDP 取 2000 年的可比价。

经过逐步回归分析，从表 8-11 可看出造成山西省生态足迹增长的主要驱动因素为生态足迹强度、人均 GDP 与总人口，该分析结果基本符合山西省实际。建立回归模型为：$Y=1.019X_E+1.004X_A+0.931X_P-8.715$（表 8-11 与表 8-12）。

表 8-11　山西省生态足迹线性回归模型

模型	R	R^2	调整 R^2	标准估计的误差	Durbin-Watson
1	0.987[a]	0.975	0.973	0.04891	
2	1.000[b]	1.000	1.000	0.00454	2.403

a. 预测变量：（常量），山西省城市居民消费支出。
b. 预测变量：（常量），山西省生态足迹强度，山西省人均 GDP，山西省总人口。

表 8-12　山西省生态足迹线性回归模型系数

模型		非标准化系数 B	标准误差	标准系数	t	Sig.	容差	VIF
1	（常量）	1.575	0.347		4.538	0.000		
	城市居民消费	0.916	0.039	0.987	23.314	0.000	1.000	1.000
2	（常量）	−8.715	0.415		−21.024	0.000		
	生态足迹强度	1.019	0.011	0.531	89.809	0.000	0.442	2.260
	人均 GDP	1.004	0.015	0.485	65.448	0.000	0.282	3.546
	总人口	0.931	0.065	0.133	14.336	0.000	0.179	5.584

将安徽省历年数据取对数后进行逐步回归可得如表 8-13 与表 8-14 所示结果，由结果可知安徽省生态足迹受城市居民消费支出与生态足迹强度影响，其线性规划模型为：$Y=0.543X_{Exp}+0.138X_E+4.096$。城市居民消费支出的影响大于生态足迹强度的影响。

表 8-13　安徽省生态足迹线性回归模型

模型	R	R^2	调整 R^2	标准估计的误差	Durbin-Watson
1	0.991[a]	0.983	0.982	0.03198	
2	0.998[b]	0.997	0.996	0.01459	1.517

a. 预测变量：（常量），安徽省城市居民消费支出。
b. 预测变量：（常量），安徽省城市居民消费支出，安徽省生态足迹强度。

表 8-14　安徽省生态足迹线性回归模型系数

模型		非标准化系数 B	标准误差	标准系数	t	Sig.	容差	VIF
1	（常量）	3.684	0.202		18.221	0.000		
	城市居民消费支出	0.641	0.023	0.991	28.249	0.000	1.000	1.000
2	（常量）	4.096	0.203		20.224	0.000		
	城市居民消费支出	0.543	0.035	0.840	15.450	0.000	0.250	3.999
	生态足迹强度	0.138	0.043	0.175	3.213	0.007	0.250	3.999

　　将江西省历年数据取对数后进行逐步回归可得如表 8-15 与表 8-16 所示结果，由结果可知江西省生态足迹受生态足迹强度、人均 GDP 与第二产业比重的影响，其线性规划模型为：$Y=0.112X_{\mathrm{Id}}+1.097X_{\mathrm{A}}+0.391X_{\mathrm{E}}-2.171$。其中人均 GDP 对生态足迹的影响最大。

表 8-15　江西省生态足迹线性回归模型

模型	R	R^2	调整 R^2	标准估计的误差	Durbin-Watson
1	0.990[a]	0.979	0.978	0.04195	
2	1.000[b]	1.000	1.000	0.00364	1.898

a. 预测变量：（常量），江西省第一产业比重。
b. 预测变量：（常量），江西省生态足迹强度，江西省人均 GDP，江西省第二产业比重。

表 8-16　江西省生态足迹线性回归模型系数

模型		非标准化系数 B	标准误差	标准系数	t	Sig.	容差	VIF
1	（常量）	11.528	0.105		109.489	0.000		
	第一产业比重	−0.989	0.038	−0.990	−25.848	0.000	1.000	1.000
2	（常量）	−2.171	0.103		−21.079	0.000		
	生态足迹强度	0.391	0.007	0.379	52.482	0.000	0.321	3.113
	人均 GDP	1.097	0.017	0.614	63.017	0.000	0.176	5.673
	第二产业比重	0.112	0.018	0.058	6.365	0.000	0.200	5.009

　　河南省生态足迹影响因素回归模型为：$Y=0.978X_{\mathrm{A}}+0.287X_{\mathrm{E}}+0.169X_{\mathrm{Id}}-0.296$。人均 GDP、生态足迹强度与第二产业比重前面的系数都为正数（表 8-17 与表 8-18），表明这 3 个影响因素对生态足迹的影响为正相关，其中人均 GDP 对河南省生态足迹的影响最大，再次是生态足迹强度。

表 8-17　河南省生态足迹线性回归模型

模型	R	R^2	调整 R^2	标准估计的误差	Durbin-Watson
1	0.973[a]	0.946	0.942	0.06669	
2	1.000[b]	1.000	1.000	0.00468	1.300

a. 预测变量：（常量），河南省人均 GDP。

b. 预测变量：（常量），河南省人均 GDP，河南省生态足迹强度，河南省第二产业比重。

表 8-18　河南省生态足迹线性回归模型系数

模型		非标准化系数 B	标准误差	标准系数	t	Sig.	容差	VIF
1	（常量）	−4.950	0.959		−5.163	0.000		
	人均 GDP	1.697	0.108	0.973	15.641	0.000	1.000	1.000
2	（常量）	−0.296	0.111		−2.672	0.020		
	人均 GDP	0.978	0.021	0.561	46.401	0.000	0.130	7.668
	生态足迹强度	0.287	0.006	0.448	50.600	0.000	0.243	4.113
	第二产业比重	0.169	0.028	0.046	5.971	0.000	0.328	3.052

　　湖北省生态足迹影响因子的回归分析显示，人均 GDP、生态足迹强度是影响其时空变异的主要因素（表 8-19 与表 8-20），这与前人的研究基本一致，湖北省生态足迹回归模型为：$Y=1.039X_A+0.380X_E-0.942$。该模型表明人均 GDP 每增加一个单位，生态足迹增长 1.039 个单位，且人均 GDP 比生态足迹强度对生态足迹的影响大。

表 8-19　湖北省生态足迹线性回归模型

模型	R	R^2	调整 R^2	标准估计的误差	Durbin-Watson
1	1.000[a]	1.000	1.000	0.00577	
2	1.000[b]	1.000	1.000	0.00504	0.990

a. 预测变量：（常量），湖北省人均 GDP，湖北省生态足迹强度。

b. 预测变量：（常量），湖北省人均 GDP，湖北省生态足迹强度。

表 8-20　湖北省生态足迹线性回归模型系数

模型		非标准化系数 B	标准误差	标准系数	t	Sig.	容差	VIF
1	（常量）	−4.510	0.635		−7.103	0.000		
	人均 GDP	1.550	0.071	0.986	21.923	0.000	1.000	1.000
2	（常量）	−0.942	0.135		−7.002	0.000		
	人均 GDP	1.039	0.018	0.660	57.352	0.000	0.209	4.790
	生态足迹强度	0.380	0.012	0.366	31.780	0.000	0.209	4.790

湖南省生态足迹影响因子的回归分析显示，总人口、生态足迹强度、城市居民消费支出等是影响其时空变异的主要因素（表 8-21 与表 8-22）。湖南省生态足迹回归模型为：$Y=0.329X_P+0.204X_{Exp}+0.135X_E+4.221$。总人口增长是影响湖南省生态足迹增长最重要的因素，城市居民消费支出和生态足迹强度（技术水平）对湖南省生态足迹有较显著影响。

表 8-21　湖南省生态足迹线性回归模型

模型	R	R^2	调整 R^2	标准估计的误差	Durbin-Watson
1	0.994[a]	0.988	0.988	0.02818	
2	0.999[b]	0.998	0.997	0.01334	1.896

a. 预测变量：（常量），湖南省总人口。
b. 预测变量：（常量），湖南省总人口，湖南省城市居民消费支出，湖南省生态足迹强度。

表 8-22　湖南省生态足迹线性回归模型系数

模型		非标准化系数 B	标准误差	标准系数	t	Sig.	容差	VIF
1	（常量）	4.963	0.128		38.656	0.000		
	总人口	0.491	0.014	0.994	34.485	0.000	1.000	1.000
2	（常量）	4.221	0.161		26.232	0.000		
	总人口	0.329	0.026	0.666	12.742	0.000	0.068	14.694
	城市居民消费支出	0.204	0.039	0.246	5.273	0.000	0.085	11.724
	生态足迹强度	0.135	0.023	0.123	5.778	0.000	0.412	2.429

8.4.4　生态补偿额度空间分布

根据前面计算的生态盈余/赤字量，将本书第 5 章计算的单位面积非市场价值生态系统服务价值代入式（8-7）可计算出其生态补偿额度。从整体上看，用生态足迹方法计算的中部地区及其六省生态补偿额度为负数，说明中部地区对资源的消耗大于其承载力，要对外支付生态补偿，中部地区六省 2011 年与 2015 年支付生态补偿量排序为：河南省＞湖南省＞湖北省＞安徽省＞江西省＞山西省（表 8-23）。从区域内部平衡来看，河南省、湖南省、湖北省要优先支付生态补偿，安徽省、江西省、山西省要优先获得生态补偿。如何获取与分配是以后要进一步研究的内容。

表 8-23　中部地区 2011 年与 2015 年生态足迹生态补偿额度（亿元）

年份	山西省	安徽省	江西省	河南省	湖北省	湖南省
2011	−5.15	−139.37	−51.22	−680.85	−154.92	−241.90
2015	−5.60	−194.09	−59.59	−731.93	−233.23	−255.11

用耕地供需平衡方法计算的中部六省耕地生态补偿额度除湖南省外其余六省均为正值，2015 年获得生态补偿额为湖北省＞安徽省＞河南省＞山西省＞江西省，湖南省要支付生态补偿额度 9.05 亿元（表 8-24）。

表 8-24　中部地区 2011 年与 2015 年耕地生态补偿额度（亿元）

年份	山西省	安徽省	江西省	河南省	湖北省	湖南省
2011	11.97	99.34	6.05	108.74	137.60	−2.21
2015	15.27	149.38	10.01	123.59	171.03	−9.05

8.4.5　基于足迹家族的生态补偿额度空间分布

考虑区域外部生态平衡，中部地区生态补偿额度为负数，说明中部地区在满足本区域资源消费的同时，还要邻近地区为其提供一定的生态系统服务，2011 年与 2015 年分别要支付生态补偿额度 1901.15 亿元与 1922.08 亿元（表 8-25）。考虑区域内部生态平衡，仅江西省要获得生态补偿额度，其余省份均要支付生态补偿额度，2011 年支付生态补偿量排序为：河南省＞湖北省＞湖南省＞安徽省＞山西省。2015 年支付生态补偿额度排序为：河南省＞湖北省＞安徽省＞湖南省＞山西省。2011 年与 2015 年江西省分别要获得生态补偿额度为 12.51 亿元与 144.06 亿元。

表 8-25　基于足迹家族的中部地区 2011 年与 2015 年生态补偿额度（亿元）

省份	山西省	安徽省	江西省	河南省	湖北省	湖南省	合计
2011 年	−147.56	−231.83	12.51	−983.22	−280.43	−270.63	−1901.15
内部平衡	−0.96	−1.52	12.51	−6.43	−1.83	−1.77	
2015 年	−154.07	−263.43	144.06	−1099.52	−365.84	−183.29	−1922.08
内部平衡	−10.74	−18.37	144.06	−76.66	−25.51	−12.78	

8.5　小　　结

中部地区 2000～2015 年耕地生态足迹呈增长趋势，其分布为：河南省＞湖南省＞安徽省＞湖北省＞江西省＞山西省；林地生态足迹呈波动增长趋势，呈现与耕地生态足迹相同的分布格局。草地生态足迹除江西省（5.59%）与湖北省（4.36%）外其余省份呈缓慢增长态势，其分布为：河南省＞安徽省＞湖北省＞湖南省＞山西省＞江西省；水产品生态足迹除安徽省少数年份下降外，其余均呈上升趋势，湖北省＞江西省＞湖南省＞安徽省＞河南省＞山西省；建筑用地生态足迹：河南省＞山西省＞湖北省＞湖南省＞安徽省＞江西省。

中部地区总生态足迹呈快速增长趋势，按大小排序为：河南省＞湖南省＞安徽省＞湖北省＞江西省＞山西省。耕地、草地生态足迹的占比较大但呈下降趋势，建筑用地、林地生态足迹所占比重较小但呈上升趋势。人均生态足迹由大至小依次排序为：河南省＞安徽省＞湖南省＞湖北省＞江西省＞山西省。

中部地区生态承载力呈波动变化，但总体呈上升趋势。按大小排序为：河南省＞湖南省＞安徽省＞湖北省＞江西省＞山西省。人均平均生态承载能力依次是：山西省＞江西省＞湖南省＞湖北省＞安徽省＞河南省。

中部地区除山西省 2000～2002 年外均出现生态赤字，生态压力指数不断攀高，主要是由于中部地区对自然资源的过度开发利用造成其超越了自然环境的承载力。其生态赤字大小排序为：河南省＞湖南省＞安徽省＞湖北省＞江西省＞山西省，表明中部地区生态系统处于不安全状态，区域发展为不可持续的。万元 GDP生态足迹不断减少，说明资源的利用效率在不断提高。生态足迹深度波动缓慢增长，其大小为：河南省＞安徽省＞湖北省＞湖南省＞江西省＞山西省。

中部地区 2011 年支付生态补偿量排序为：河南省＞湖南省＞湖北省＞安徽省＞江西省＞山西省。2015 年支付生态补偿量还是河南省最多，支付生态补偿量排序为：河南省（731.93 亿元）＞湖南省（255.11 亿元）＞湖北省（233.23 亿元）＞安徽省（194.09 亿元）＞江西省（59.59 亿元）＞山西省（5.6 亿元）。

中部地区生态足迹的影响因素主要有：人口总数量、人均 GDP、城镇居民年人均消费支出、单位 GDP 生态足迹、第二产业比重等，各省各因素的影响程度各有不同。

中部地区有五个省是粮食主产区，具有粮食生产的比较优势与资源禀赋，但粮食生产的机会成本、外部性等问题的存在使得粮食主产区利益受损，粮食主产区种粮积极性不高，从而影响国家粮食安全。另外，丰富的能源和矿产资源一直是中部地区产业发展的优势，但经过多年的开采，中部地区的矿产资源面临枯竭，资源型产业不再具有优势。为提高中部地区的生态可持续性与自然资料的可持续利用，可采取如下措施解决。

（1）建立合理的粮食区际利益补偿机制，减轻粮食主产区安徽省、江西省、河南省与湖南省工业化城镇化的动力，主动承担国家粮食安全责任。

（2）加强中部地区省际合作。中部六省的产业趋同现象较严重，使得资源浪费严重，不利于中部地区的可持续发展。省际合作中各省可根据自己的优势资源与资源状况选择相应的主导产业，加强区域内的生态环境合作，以实现共同治理和改善区域生态环境的目标，最终达到整合优势资源、优化产业结构与促进生态经济社会可持续发展的目的。

（3）加强生态建设，合理规划土地利用。中部地区的生态承载力处于下降趋势，因此要合理规划土地结构，提高土地利用率，保护耕地和增加森林面积的覆盖率，严格控制建设用地的规模。对于受污染地区，控制污染物的排放量，加强生态恢复建设，改善区域生态环境。

（4）提高科技创新，制定相关政策。科技水平的提高可推动产业的发展，提高资源利用效率，从而达到减少生态足迹的目的。要制定相关政策改变资源依赖型的经济结构和粗放型的经济增长方式，改变传统的生产和生活消费方式，用绿色理念建立资源节约型的社会生产和消费体系。中部地区要增加高新技术产业与环境保护产业的投资。利用高新技术产业低耗能、低污染和高附加值等特性，进一步利用高新技术作为支撑发展农副食品精深加工和资源产品精深加工，走绿色可持续发展之路。

第9章　新时代中部地区生态补偿新使命

2017 年 10 月，党的十九大报告正式发布，指出中国特色社会主义进入新时代，我国社会主要矛盾已经转化为人民日益增长的美好生活需要和不平衡不充分的发展之间的矛盾。新时代新使命，十九大报告强调必须坚持人与自然和谐共生。建设生态文明是中华民族永续发展的千年大计。必须树立和践行绿水青山就是金山银山的理念，坚持节约资源和保护环境的基本国策，像对待生命一样对待生态环境，统筹山水林田湖草系统治理，实行最严格的生态环境保护制度，形成绿色发展方式和生活方式，坚定走生产发展、生活富裕、生态良好的文明发展道路，建设美丽中国，为人民创造良好生产生活环境，为全球生态安全作出贡献。

本书采用理论分析和实证分析相结合的方法，在综述国内外生态补偿研究现状与分析总结生态补偿案例的基础上，研究了区域生态系统中主要利益相关者的博弈关系，讨论其参数变化，并对中部地区六省的生态系统服务功能进行评价，确定各省的生态补偿优先级与生态补偿标准。然后，基于碳足迹、水足迹与生态足迹理论，依据中部地区六省碳足迹、水足迹、生态足迹和碳承载力、水承载力、生态承载力的差异性，确定碳足迹、水足迹、生态足迹赤字或盈余区域，赤字区域应当支付生态补偿资金给盈余区域，综合足迹家族（碳足迹、水足迹、生态足迹）量化中部地区生态补偿标准，最后结合新时代新使命，对中部地区生态补偿进行展望。

9.1　目前已有的主要结论

9.1.1　区域生态补偿利益相关者博弈结果

区域生态补偿分为区域内部生态补偿和跨区域生态补偿。从跨区域来看，生态系统服务的主要利益相关者包括中央政府与地方政府；从区域内部来看，区域生态系统服务利益相关者主要包括生态系统服务保护区生态系统服务供给者与资源受益区受益者。在没有制度约束前提下，大多数人选择免费"搭便车"，生态系统服务供给者保护生态环境的积极性受损，（不保护，不补偿）为生态系统服务供给者与受益者的占优策略，将导致生态环境恶化。因此，需要中央政府作为媒介进行协商，通过生态补偿这种制度安排，调整利益相关者的分配关系，即受益地区应给予受损地区补偿，以弥补因保护较多生态环境而经济发展受限制或者保护区域经济发展所受到的损失，实现区域间利益与社会福利的平衡。系统是否演化成生态系统服务供给者采取保护策略、生态系统服务受益者采取补偿策略的稳定合作状态，主要受生态补偿金额、监管力度、监管成本及生态补偿制度等多个因素的影响，只有增加生态补偿金额，健全生态补偿机制，生态系统服务提供者才会由不保护策略向保护策略演化，系统才会向（保护，补偿）合作状态演化。

9.1.2　中部地区生态系统服务功能及补偿优先级

中部地区 2015 年总生态系统服务价值为 15083.59 亿元，其中非市场生态系统服务总价值为 14062.31 亿元，占总价值的 93.23%。单位面积生态系统服务功能高值区为江西省与湖北省；单位面积生态系统服务功能中值区是安徽省与湖南省；而生态系统服务功能低值区是河南省与山西省。江西省、湖南省、湖北省与安徽省的生态补偿优先级较大，应率先获得生态补偿。山西省与河南省生态补偿优先级较小，应率先支付生态补偿。综合考虑区域自身的生态系统服务价值、治理污染物排放的虚拟投入以及治理污染物的实际经济投入得出 2015 年中部地区生态补偿额度最高的省份是湖南省，达2106.36 亿元，其次是江西省、湖北省，分别为 1408.55 亿元与 1057.64 亿元；山西省、河南省与安徽省要支付的生态补偿额分别为 2257.15 亿元、1755.35 亿元与 385.23 亿元。

9.1.3　基于碳足迹的中部地区生态补偿时空变化

中部地区 2000～2015 年碳足迹：河南省＞山西省＞湖北省＞湖南省＞安徽省＞江西省，呈现北方大于南方的规律；碳吸收量：湖南省＞江西省＞河南省＞湖北省＞安徽省＞山西省，分布具有北方低、南方高的特点。研究期间中部地区碳足迹快速增长，能源消耗增加是其主要原因；碳吸收量呈波动变化趋势，森林、草地与农作物是主要的碳汇。河南省与山西省对中部地区总碳足迹贡献率大，江西省与湖南省碳吸收量大。江西省碳吸收量始终高于碳足迹，为净碳盈余省份，山西省、河南省与湖北省碳足迹始终高于碳吸收量，为净碳赤字省份。2002 年前江西省、湖南省、安徽省需要获得生态补偿资金，其中江西省生态补偿优先级最高，2002 年后仅江西省要获得生态补偿，研究期间江西省共需获得生态补偿资金443.19 亿元，年均 27.70 亿元。考虑中部地区区域内碳平衡，江西省、湖南省、安徽省优先获得生态补偿资金，山西省、河南省与湖北省优先支付生态补偿资金。

9.1.4　基于水足迹的中部地区生态补偿时空变化

中部地区总生产水足迹呈上升趋势，生产水足迹河南省＞湖南省＞湖北省＞

安徽省＞江西省＞山西省。中部六省的总生产水足迹组成比例不同，呈现不同的变化趋势，但均表现为农作物水足迹所占比例特别是粮食作物最高，其次是动物产品水足迹。中部地区水盈余/赤字呈波动变化趋势，除江西省与湖南省有盈余外，其余省份均表现为水赤字；水足迹效率 2000～2015 年呈上升趋势，但各省水足迹效率差异明显。江西省、湖南省、湖北省历年均要获得生态补偿，2000～2015 年江西省水盈余共需补偿 2246.81 亿元，平均每年 140.43 亿元；湖南省水盈余共需补偿 1760.58 亿元，平均每年 110.04 亿元；湖北省共需补偿 24.08 亿元，平均每年 1.51 亿元。根据生态补偿优先级，江西省要优先获得水足迹生态补偿额度。支付生态补偿额由大到小依次为：河南省＞山西省＞安徽省。

9.1.5　基于生态足迹的中部地区生态补偿时空变化

中部地区 2000～2015 年总生态足迹呈快速增长趋势，按大小排序为：河南省＞湖南省＞安徽省＞湖北省＞江西省＞山西省。耕地、草地生态足迹的占比较大但呈下降趋势，建筑用地、林地生态足迹所占比重较小但呈上升趋势。中部地区生态承载力呈波动变化，但总体呈上升趋势。按大小排序为：河南省＞湖南省＞安徽省＞湖北省＞江西省＞山西省。中部地区除山西省 2000～2002 年外均出现生态赤字，生态压力指数不断攀高，其生态赤字大小排序为：河南省＞湖南省＞安徽省＞湖北省＞江西省＞山西省，表明中部地区生态系统处于不安全状态，区域发展表现为不可持续。2015 年支付生态补偿额度排序为：河南省（731.93 亿元）＞湖南省（255.11 亿元）＞湖北省（233.23 亿元）＞安徽省（194.09 亿元）＞江西省（59.59 亿元）＞山西省（5.6 亿元）。

采用足迹家族（碳足迹法、水足迹法、生态足迹法）考虑区域内部生态平衡，仅江西省要获得生态补偿额度，2015 年需获得 144.06 亿元，此额度为生态补偿的下限，其余省份均要支付生态补偿额度，2015 年支付生态补偿额度排序为：河南省（76.66 亿元）＞湖北省（25.51 亿元）＞安徽省（18.37 亿元）＞湖南省（12.78 亿元）＞山西省（10.74 亿元）。

9.2　新时代的国家战略与政策

9.2.1　国家生态文明战略与政策

党的十七大报告将"建设生态文明"确立为一项重大的国家战略，力争我国到 2020 年成为生态环境良好的国家。党的十八大报告对生态文明建设更加重视，将其纳入建设中国特色社会主义"五位一体"的总体布局,提出建设美丽中国,实现中华民族永续发展的发展战略,进一步强调生态文明建设的作用与地位。党的十八届三中全会提出,要加快生态文明制度建设,用制度来保护生态环境,强调各地区间建立横向生态补偿制度,完善重点生态功能区的生态补偿机制,探讨生态补偿的市场化途径,推动碳排放权、大气与水污染物排污权、水权交易试点与制度建设。党的十八届四中全会明确提出要用严格的法律制度来保护生态环境。2015 年 9 月,国务院出台《生态文明体制改革总体方案》,提出要完善生态补偿机制,探索建立多元化补偿机制,逐步增加对重点生态功能区转移支付,完善生态保护成效与资金分配挂钩的激励约束机制,鼓励各地区开展生态补偿试点,继续推进新安江水环境补偿试点。2016 年 8 月,中共中央办公厅与国务院办公厅印发《关于设立统一规范的国家生态文明试验区的意见》及《国家生态文明试验区(福建)实施方案》,设立若干试验区,形成生态文明体制改革的国家级综合试验平台。通过试验探索,到 2017 年,推动生态文明体制改革总体方案中的重点改革任务取得重要进展,形成若干可操作、有效管用的生态文明制度成果;到 2020 年,试验区率先建成较为完善的生态文明制度体系,形成一批可在全国复制推广的重大制度成果,资源利用水平大幅提高,生态环境质量持续改善,发展质量和效益明显提升,实现经济社会发展和生态环境保护双赢,形成人与自然和谐发展的现代化建设新格局,为加快生态文明建设、实现绿色发展、建设美丽中国提供有力制度保障。综合考虑各地现有生态文明改革实践基础、区域差异性和发展阶段等因素,首批选择生态基础较好、资源环境承载能力较强的福建省、江西省和贵州省作为试验区。可见,建设生态补偿与生态文明制度已成为举国上下的共识,社会各界人士均在探索如何进行生态补偿与生态文明的建设。

2017 年 10 月,十九大报告指出,加快生态文明体制改革,建设美丽中国。人与自然是生命共同体,人类必须尊重自然、顺应自然、保护自然。要建设的现代化是人与自然和谐共生的现代化,既要创造更多物质财富和精神财富以满足人民日益增长的美好生活需要,也要提供更多优质生态产品以满足人民日益增长的优美生态环境需要。必须坚持节约优先、保护优先、自然恢复为主的方针,形成节约资源和保护环境的空间格局、产业结构、生产方式、生活方式,还自然以宁静、和谐、美丽。首先,要推进绿色发展,建立健全绿色低碳循环发展的经济体系,构建市场导向的绿色技术创新体系,推进能源生产和消费革命,构建清洁低碳、安全高效的能源体系等。其次,着力解决突出环境问题。再次,加大生态系统保护力度,建立市场化、多元化生态补偿机制。最后,改革生态环境监管体制,设立国有自然资源资产管理和自然生态监管机构,完善生态环境管理制度。

9.2.2　面向中部地区整体的区域政策

中部地区为中国的地理心脏，中部地区的发展关系到全国的安定和全局的发展。在我国的区域发展总体战略中，中部地区承担着"承东启西"的责任。近几年国家出台了一批重大区域规划与政策文件，涉及中部地区的不少，为中部六省都提供了一个或多个国家战略层面的发展与改革平台。

国家出台的促进中部地区崛起重大政策可分为两大层次：一是面向中部地区整体的重大区域政策，二是面向各个省的区域规划与政策。面向整体的有"两个比照"政策、支持中部地区城市群发展的政策、推进承接产业转移的政策、扶贫开发的政策等。各政策的发展演进如下：

2004 年，温家宝总理首次提出"中部崛起战略"的名词及战略构想。2006 年，印发实施了《中共中央、国务院关于促进中部地区崛起的若干意见》（中发〔2006〕10 号）。2007 年，印发了《国务院办公厅关于中部六省比照实施振兴东北地区等老工业基地和西部大开发有关政策范围的通知》（国办函〔2007〕2 号）。2008 年，通过了《国务院办公厅印发关于中部六省实施比照振兴东北地区老工业基地和西部大开发有关政策的通知》。2010 年，国家发展和改革委员会通过《促进中部地区崛起规划实施意见的通知》和《关于促进中部地区城市群发展的指导意见的通知》，旨在深入实施《促进中部地区崛起规划》。为了巩固成果、发展优势，2012 年，发布了《国务院关于大力实施促进中部地区崛起战略的若干意见》，提出要稳步提升"三基地、一枢纽"地位，加强资源节约和环境保护，走可持续发展之路，要加强政策支持，包括生态补偿相关政策。该意见提出要加大中央财政对三峡库区、丹江口库区、神农架林区等重点生态功能区的均衡性转移支付力度。支持在丹江口库区及上游地区、淮河源头、东江源头、鄱阳湖湿地等开展生态补偿试点。鼓励新安江、东江流域上下游生态保护与受益区之间开展横向生态环境补偿。逐步提高国家级公益林森林生态效益补偿标准。对资源型企业依照法律、行政法规有关规定提取用于环境保护、生态恢复等方面的专项资金，准予税前扣除。2016 年国务院批复《促进中部地区崛起"十三五"规划》，该规划将中部地区重新定位为全国重要先进制造业中心、全国新型城镇化重点区、全国现代农业发展核心区、全国生态文明建设示范区、全方位开放重要支撑区。

9.2.3　面向中部各省份的区域政策

除了以上面向中部地区整体的规划与意见外，各省相继提出许多战略规划和实施指导。特别是近年来，中部各省相继拿到更加符合地方特色的国家级发展战略，如武汉城市圈、长株潭城市群"两型"社会建设综合配套改革试验区、鄱阳湖生态经济区、皖江城市带承接产业转移示范区、山西资源型经济转型试验区、中原经济区等（表9-1）。多年的实践证明，这些国家战略或政策的作用非常明显。近年来国家印发的面向中部地区的代表性区域规划或政策见表9-1。

表 9-1　中部地区国家级区域规划或政策情况

序号	发布机关	标题	发布日期
1	国家发展和改革委员会	国家发展改革委关于印发中原城市群发展规划的通知	2016/12/29
2	国务院	国务院关于中原城市群发展规划的批复	2016/12/30
3	国家发展和改革委员会	国家发展改革委关于修订皖江城市带承接产业转移示范区规划的复函	2016/7/27
4	国务院	国务院关于同意郑洛新国家高新区建设国家自主创新示范区的批复	2016/4/5
5	国家发展和改革委员会	大别山革命老区振兴发展规划	2015/6/15
6	国家发展和改革委员会	国家发展改革委关于印发长江中游城市群发展规划的通知	2015/4/13
7	国务院	国务院关于长江中游城市群发展规划的批复	2015/3/26
8	国务院	国务院关于依托黄金水道推动长江经济带发展的指导意见	2014/9/25
9	国家发展和改革委员会	国家发展改革委关于印发洞庭湖生态经济区规划的通知	2014/5/2
10	国务院	国务院关于洞庭湖生态经济区规划的批复	2014/4/14
11	国家发展和改革委员会	国家发展改革委关于印发郑州航空港经济综合实验区发展规划（2013—2025 年）的通知	2013/3/8
12	国务院扶贫开发领导小组；国家发改委	国务院扶贫办、国家发展改革委关于印发罗霄山片区区域发展与扶贫攻坚规划的通知	2013/2/4
13	国家发展和改革委员会	中原经济区规划（2012—2020 年）	2012/12/3
14	国家发展和改革委员会	国家发展改革委关于印发山西省国家资源型经济转型综合配套改革试验总体方案的通知	2012/8/20
15	国务院	国务院关于支持赣南等原中央苏区振兴发展的若干意见	2012/6/28
16	国务院	国务院关于支持河南省加快建设中原经济区的指导意见	2011/9/28
17	国家发展和改革委员会	国家发展改革委关于设立山西省国家资源型经济转型综合配套改革试验区的通知	2010/12/1
18	国家发展和改革委员会	国家发展改革委印发关于促进中部地区城市群发展的指导意见的通知	2010/5/9
19	国家发展和改革委员会	国家发展改革委关于印发皖江城市带承接产业转移示范区规划的通知	2010/1/20
20	国务院	国务院关于鄱阳湖生态经济区规划的批复	2009/12/12

9.3　新时代中部地区生态补偿的新探索

9.3.1　探索市场化的生态补偿模式

目前区域生态补偿模式主要有政府补偿、市场补偿、政府与市场相结合补偿、非政府组织参与型补偿等多种补偿模式。其中政府补偿模式包括横纵向财政转移支付、项目实施、政策补偿、生态环境税费、水资源费补偿等方式，市场补偿模式包括生态标记、碳排放权交易、水权交易等，这些模式相互补充，构成了区域生态补偿体系。在区域生态补偿实施过程中，可根据多种生态补偿模式的优缺点与适用范围，选择最佳模式进行应用。

国外的经验表明，市场机制可以在生态补偿中发挥积极作用，政府可以在完善生态补偿相关法律法规及制度的基础上，探索市场化的生态补偿模式，发挥市场对资源环境供给需求的引导作用。具体做法如下：

（1）积极开展碳汇交易试点。国内外相关研究表明森林与湿地都是重要的碳汇区，中部地区得天独厚的资源优势为开展碳汇交易提供了机会。湖北省是全国7个碳排放交易试点之一，于2014年上线，是交易最活跃、碳价最稳定的碳市场。湖北省以此为契机，探索碳减排的市场化途径，省碳排放交易中心与神农架林区签署战略协议，对林区碳资产项目进行分析与开发，组织已碳汇资产到碳市场交易，探索地方政府如何利用碳市场实现生态补偿。2016年江西省获批设立碳排放权交易中心，助力实现江西节能减排、绿色发展的目标，主要内容有碳排放权配额交易、碳金融产品开发及涉碳投融资服务、碳交易市场咨询与培训服务等。河南省利用财政部和德国政府间的合作协议启动中德财政合作农户林业发展项目，并于2013年成功申请全球环境基金林业可持续管理的部分赠款项目，试点森林认证和碳汇监测。中部地区今后要积极争取国家发展和改革委员会等部委的支持，与高校、中国绿色碳汇基金会及有关社会团体加强合作，借鉴国际碳交易市场运作的经验，对碳汇交易规则与标准、交易流程等技术进行研发与论证，形成统一的碳汇监测与量化的标准体系，为中部地区建立碳汇交易市场提供必要的支撑。

（2）研究开展水权交易试点。江西省、湖南省、湖北省等水资源丰富，水生态盈余较多，开发潜力较大，但存在公众用水方式粗放与节水意识薄弱导致用水效率偏低等问题。2015年江西省芦溪县政府与安源区政府、萍乡经济技术开发区管理委员会签订山口岩水库水权交易协议书。山口岩水库是通过赣江上游袁水流域调水到湘江流域，为江西省乃至南方丰水地区首例跨流域的水权交易。2014年湖北省在"深化水利改革三年（2014年至2016年）行动要点"中提出建立水权交易制度体系和水生态补偿制度，并在三个县开展水权交易试点工作。其他水盈余省份也可选择部分县市开展水权试点工作，有利于落实最严格水资源管理制度，探索水资源确权登记方法，开展区域内水权交易。此外，要建立跨区域的水权交易所，完善水权交易定价机制，出让、转让和租赁机制及流程设计等，使得上游地区可以将盈余的水资源量出售给中下游流域，通过该市场途径可获到生态补偿。

9.3.2　采取多途径筹集生态补偿资金

当前我国的区域生态补偿机制大多由政府部门主导，补偿资金主要依赖于政府财政资金投入，资金来源相对较单一，市场化与社会化来源资金不足。通过对中部地区生态环境保护的利益相关者进行分析发现，地方政府部门和社区居民直接参与到生态环境保护中，而相关企业和产业经营者的参与度不高。仅依靠政府部门的财政资金很难满足区域内生态环境建设的资金需求，也难以弥补区域发展的机会成本。因此，可考虑通过建立政府、企业、社会多元化投入机制来拓宽补偿资金渠道。采用多种方式筹集生态补偿资金。

首先，国家可通过直接财政补贴、财政援助、税收减免与返还、低息贷款、财政转移支付等多种形式进行资金补偿，变一般转移支付为专项转移支付。

其次，可从收取的资源开采税费、水资源和污水处理费等费用中抽取一定资金用于生态环境保护与生态补偿，适时开征环境税与消费税。

再次，鼓励社会资本参与区域生态补偿机制。政府和社会资本合作（public-private partnership，PPP）模式是指公共部门与私人部门就提供某项公共产品或服务达成的合作关系，包括建设-经营-转让（build-operate-transfer，BOT）、移交-经营-移交（transfer-operate-transfer，TOT）、私人主动投资（private finance initiative，PFI）、外包、私有化转让等多种具体项目融资模式，强调多源融资、利益共享与风险分担等。目前全国多个省市都在积极进行 PPP 模式的探索推广，被广泛应用于电力、交通、城市供水等基础设施领域。有些地方明确将资源环境、生态保护等列为推行 PPP 模式的重要领域，引导社会资本参与区域生态补偿，既有利于丰富区域生态补偿的资金来源，又能促进区域可持续发展。PPP 模式应用于区域生态补偿机制时，不仅提供传统的资金补偿与实物补偿，而且将环境友好型相关产业发展作为重点产业，采用多种方式如 BOT、绿色保险、生态补偿彩票、债券、租赁等进行区域生态补偿融资，在提高社会资本收益的同时给社区居民带来收益。设计合理的政策来促进绿色金融市场逐步完善，建立完备的法规政策体系来保证公私部门的权责明确，从而实现区域生态补偿市场化运作的风险对应，保障补偿机制的可持续性。

9.3.3　建立生态补偿动态标准与优化补偿区域

确定科学合理可行的生态补偿标准与优化选择生态补偿区域是提高补偿效益

的关键。生态补偿标准应该是动态化的，应该不仅能够反映生态修复成本的变化与生态环境损害叠加累积的效应，还能反映人们对生态文明建设成果的更高需求。我国的生态补偿资金来源以中央财政纵向转移支付为主，该资金的分配未考虑各区域提供的生态系统服务差异及实施生态保护的成本不同，采用一刀切的方式，导致补偿资金不足与资金利用率低下。因此，要优化选择补偿区域，可根据各区域提供的生态系统服务价值与社会经济发展水平确定补偿的优先级，优先补偿破坏风险较大的区域与经济发展水平低的区域，补偿时综合考虑生态保护者的受偿意愿与支付方的支付意愿及生态保护投入成本与机会成本，最后通过协商博弈确定生态补偿标准。

9.3.4　建立科学合理的生态补偿评价体系

建立生态补偿评价体系，要科学合理地制定相应评价指标，从生态效益、经济效益和社会效益等方面选择多个指标，利用主客观法确定指标权重，采用综合评价法，对生态补偿的效果进行评价与分级，评价结果可为生态补偿措施的调整及未来生态补偿方案的制定提供科学依据。为处理好生态保护与建设的效果检查、生态补偿资金落实与发放等问题，可聘任相关领域专家组成研究与评估小组，开展生态补偿机制建立有关问题的调查研究、生态补偿实施的效果评估、补偿基金使用评估以及其他相关政策实施效果的评估等。

中部地区要充分发挥各高等院校与各研究机构的优势，成立由经济学、管理学、水文学、土壤学、生态学、生态经济学等学科专家组成专家咨询组与关键技术攻关研究小组，加强对生态补偿科学量化方法体系的研究，制定和完善监测评估指标体系，健全自动监测网络，提供及时的动态评估监测信息。

9.3.5　建立生态补偿的制度保障与组织管理体系

制定中部地区生态补偿法律与法规，明确利益相关者的责权利、补偿方式、补偿内容，通过完善的生态补偿法律与法规，解决如何保证补偿问题。为顺利地推行中部生态补偿机制，要成立相关组织机构，该机构负责制定生态补偿政策、量化生态补偿标准、管理生态补偿资金，确保生态补偿资金与政策落到实处，为区域生态补偿机制提供组织保障。

建立生态补偿机制作为一项非常复杂的系统工程，需要各利益相关方如政府、社会和公民等的积极参与，需要中央政府与地方政府、地方政府之间、政府与民众、生态保护者与受益者等多主体进行多方协调和利益博弈。如何加强各管理部门间的协调配合，建立有效的利益协调、社会参与与监督机制，构建信息共享与协作平台，确定合理可行的生态补偿标准，探讨、推动与实施生态补偿的市场化实现途径，同时加强重要领域如湿地、耕地、土壤等生态补偿机制的探索，争取纳入国家生态补偿试点，探索出一条构建造血式生态补偿机制、实现中部地区协调可持续发展的道路，是以后要继续深入研究的内容。

参考文献

安徽省环境保护厅. 2016 年安徽省环境状况公报[EB/OL]. http://www.aepb.gov.cn/pages/Aepb15_ ShowNews.aspx?NType=2&NewsID=156846 [2017/8/27].

安徽省统计局, 国家统计局安徽调查总队. 2001-2017. 安徽统计年鉴[M]. 北京: 中国统计出版社.

蔡邦成, 温林泉, 陆根法. 2005. 生态补偿机制建立的理论思考[J]. 生态经济, 21 (1): 47-50.

蔡海生, 肖复明, 张学玲. 2010. 基于生态足迹变化的鄱阳湖自然保护区生态补偿定量分析[J]. 长江流域资源与环境, 19 (6): 623-627.

曹明德. 2004. 对建立我国生态补偿制度的思考[J]. 法学, (3): 40-43.

曹淑艳, 谢高地. 2010. 中国产业部门碳足迹流追踪分析[J]. 资源科学, 32 (11): 2046-2052.

曹学锋. 2017. 我国区域水足迹影响因素分析[J]. 统计与决策, (7): 113-116.

陈操操, 刘春兰, 汪浩, 等. 2014. 北京市能源消费碳足迹影响因素分析——基于 STIRPAT 模型和偏小二乘模型[J]. 中国环境科学, 34 (6): 1622-1632.

陈俊旭, 张士锋, 华东, 等. 2010. 基于水足迹核算的北京市水资源保障研究[J]. 资源科学, 32 (3): 528-534.

陈炜. 2011. 中部地区生态经济建设的激励与约束机制设计[D]. 南昌: 南昌大学.

陈业强, 石广明. 2017. 湖南省生态补偿实践进展[J]. 环境保护, 45 (5): 55-58.

戴其文, 赵雪雁, 徐伟, 等. 2009. 生态补偿对象空间选择的研究进展及展望[J]. 自然资源学报, 24 (10): 1772-1784.

戴其文. 2010. 生态补偿对象的空间选择研究——以甘南藏族自治州草地生态系统的水源涵养服务为例[J]. 自然资源学报, 25 (03): 415-425.

戴其文. 2011. 陇南市生物多样性保护的生态补偿区域空间选择[J]. 中国人口·资源与环境, 21 (S1): 100-103.

戴其文. 2013. 甘南州生态补偿区域空间选择方案的比较[J]. 长江流域资源与环境, 22 (4): 493-501.

邓晓军, 韩龙飞, 杨明楠, 等. 2014. 城市水足迹对比分析——以上海和重庆为例[J]. 长江流域资源与环境, 23 (2): 189-196.

邓晓军, 谢世友, 崔天顺, 等. 2009. 南疆棉花消费水足迹及其对生态环境影响研究[J]. 水土保持研究, 16 (2): 176-180, 185.

丁四保, 王晓云. 2008. 我国区域生态补偿的基础理论与体制机制问题探讨[J]. 东北师大学报(哲学社会科学版), (4): 5-10.

段华平, 张悦, 赵建波, 等. 2011. 中国农田生态系统的碳足迹分析[J]. 水土保持学报, 25 (5): 203-208.

范恒山. 2012. 促进中部地区崛起政策措施的回顾与展望[M]. 武汉: 武汉大学出版社.

方恺, Heijungs R. 2012. 自然资本核算的生态足迹三维模型研究进展[J]. 地理科学进展, 31 (12): 1700-1707.

方恺. 2011. 基于净初级生产力的能源足迹模型及其实证研究[D]. 长春：吉林大学.

方恺. 2013. 生态足迹深度和广度：构建三维模型的新指标[J]. 生态学报, 33（1）：267-274.

方恺. 2015a. 基于改进生态足迹三维模型的自然资本利用特征分析——选取 11 个国家为数据源[J]. 生态学报, 35（11）：3766-3777.

方恺. 2015b. 足迹家族：概念、类型、理论框架与整合模式[J]. 生态学报, 35（6）：1647-1659.

傅春, 陈炜, 谢珍珍. 2013. 中部地区生态足迹的比较研究[J]. 长江流域资源与环境, 22（11）：1397-1404.

傅春, 欧阳莹, 陈炜. 2011. 环鄱阳湖区水足迹的动态变化评价[J]. 长江流域资源与环境, 20（12）：1520-1524.

高明秀, 李西灿, 陈红艳, 等. 2011. 中部粮食主产区增量经济型土地整理关键技术评价——概念界定与研究框架[J]. 中国农学通报,（4）：261-267.

耿涌, 戚瑞, 张攀. 2009. 基于水足迹的流域生态补偿标准模型研究[J]. 中国人口·资源与环境, 19（6）：11-16.

郭荣中, 申海建, 杨敏华. 2017. 基于生态足迹和服务价值的长株潭地区生态补偿研究[J]. 土壤通报, 48（1）：70-78.

郭荣中, 申海建. 2017. 基于生态足迹的澧水流域生态补偿研究[J]. 水土保持研究, 24（2）：353-358.

国家发展和改革委员会应对气候变化司. 2014. 2005 中国温室气体清单研究[M]. 北京：中国环境出版社.

国家环境保护总局. 关于开展生态补偿试点工作的指导意见[EB/OL]. http://www.gov.cn/zwgk/2007-09/14/content_748834.htm. [2017-08-27].

国务院办公厅. 国务院办公厅关于健全生态保护补偿机制的意见[EB/OL]. http://www.gov.cn/zhengce/content/2016-05/13/content_5073049.htm. [2017-08-28].

何承耕. 2007. 多时空尺度视野下的生态补偿理论与应用研究[D]. 福州：福建师范大学.

何筠, 罗红燕. 2016. 基于水足迹理论的赣江上下游城市生态补偿研究[J]. 华东经济管理, 30（12）：9-13.

河南省环境保护厅. 2016 年河南省环境质量公报[EB/OL]. http://www.hnep.gov.cn/hjzl/hjzlbgs/webinfo/2017/08/1502773695176605.htm. [2017-08-27].

河南省统计局, 国家统计局河南调查总队. 2001-2017. 河南统计年鉴[M]. 北京：中国统计出版社.

胡淑恒. 2015. 区域生态补偿机制研究：以安徽大别山区为例[D]. 合肥：合肥工业大学.

胡小飞, 代力民, 陈伏生, 等. 2006. 基于生态足迹模型的延边林区可持续发展评价[J]. 生态学杂志, 25（2）：129-134.

胡小飞, 傅春, 陈伏生, 等. 2012. 国内外生态补偿基础理论与研究热点的可视化分析[J]. 长江流域资源与环境, 21（11）：1395-1401.

胡小飞, 傅春, 陈伏生, 等. 2016. 基于水足迹的区域生态补偿标准及时空格局研究[J]. 长江流域资源与环境, 25（9）：1430-1437.

胡小飞, 傅春. 2013. 自然保护区生态补偿利益主体的演化博弈分析[J]. 理论月刊,（9）：135-138.

胡小飞, 谢钰蓉. 2009. 基于 SCIE 的生态足迹文献计量分析[J]. 辽宁林业科技,（6）：33-37.

胡小飞, 邹妍, 傅春. 2017. 基于碳足迹的江西生态补偿标准时空格局[J]. 应用生态学报, 28（2）：493-499.

胡小飞. 2015. 生态文明视野下区域生态补偿机制研究[D]. 南昌：南昌大学.

胡正李，葛建平，韩爱萍. 2017. 中国大都市生态足迹的比较研究——以北京、上海、天津和重庆为例[J]. 现代城市研究，（2）：84-93.

湖北省环境保护厅. 2016 年湖北省环境质量状况[EB/OL]. http://report.hbepb.gov.cn：8080/pub/root8/hbtgg/201704/t20170407_103390.html. [2017-08-27].

湖北省统计局，国家统计局湖北调查总队. 2001-2017. 湖北统计年鉴[M]. 北京：中国统计出版社.

湖南省环境保护厅. 2016 年度湖南省环境质量状况[EB/OL]. http://www.hunan.gov.cn/2015xxgk/szfzcbm/tjbm_7205/tjsj/201705/t20170502_4201265.html. [2017-08-27].

湖南省统计局. 2001-2016. 湖南统计年鉴[M]. 北京：中国统计出版社.

黄寰. 2012. 区际生态补偿论[M]. 北京：中国人民大学出版社.

黄林楠，张伟新，姜翠玲，等. 水资源生态足迹计算方法[J]. 生态学报，2008，28（3）：1279-1286.

黄显峰，邵东国，顾文权. 2008. 河流排污权多目标优化分配模型研究[J]. 水利学报，39（1）：73-78.

黄晓军，龙勤. 2011. 自然保护区管理中的利益行为动态博弈分析[J]. 西南林业大学学报，31（6）：56-58，62.

汲荣荣，夏建新，田旸. 2014. 基于生态足迹的雷公山自然保护区生态补偿标准研究[J]. 中央民族大学学报（自然科学版），23（2）：74-80.

江西省环境保护厅. 2016 江西省环境状况公报[EB/OL]. http://www.jxepb.gov.cn/sjzx/hjzkgb/2017/c46eb3d803544feda7d24cd599dbc950.htm. [2017-08-02].

江西省统计局，国家统计局江西调查总队. 2001-2017. 江西统计年鉴[M]. 北京：中国统计出版社.

蒋伟. 1988.《我们共同的未来》简介[J]. 城市环境与城市生态，（1）：46-47.

焦晋鹏. 2014. 粮食主产区动态补偿机制的演化博弈分析[J]. 江西社会科学，（11）：41-46.

焦文献，陈兴鹏，贾卓. 2012. 甘肃省能源消费碳足迹变化及影响因素分析[J]. 资源科学，34（3）：559-565.

接玉梅，葛颜祥，徐光丽. 2012. 基于进化博弈视角的水源地与下游生态补偿合作演化分析[J]. 运筹与管理，21（3）：137-143.

金波. 2010. 区域生态补偿机制研究[D]. 北京：北京林业大学.

金艳. 2009. 多时空尺度的生态补偿量化研究[D]. 杭州：浙江大学.

靳芳，鲁绍伟，余新晓，等. 2005. 中国森林生态系统服务功能及其价值评价[J]. 应用生态学报，16（08）：1531-1536.

靳乐山，魏同洋. 2013. 生态补偿在生态文明建设中的作用[J]. 探索，（3）：137-141.

靳相木，柳乾坤. 2017. 自然资源核算的生态足迹模型演进及其评论[J]. 自然资源学报，32（1）：163-176.

孔德帅. 2017. 区域生态补偿机制研究——以贵州省为例[D]. 北京：中国农业大学.

冷清波. 2013. 主体功能区战略背景下构建我国流域生态补偿机制研究——以鄱阳湖流域为例[J]. 生态经济，29（2）：151-155，160.

李超显. 2015. 基于 CVM 的流域上下游区域生态补偿标准的实证研究——以湘江流域为例[J]. 湖湘论坛，28（6）：70-74.

李怀恩，尚小英，王媛. 2009. 流域生态补偿标准计算方法研究进展[J]. 西北大学学报（自然科学版），39（4）：667-672.

李金平，王志石. 2003. 澳门 2001 年生态足迹分析[J]. 自然资源学报，18（2）：197-203.

李鹏, 黄继华, 莫延芬, 等.2010. 昆明市四星级酒店住宿产品碳足迹计算与分析[J]. 旅游学刊, 25 (3): 27-34.

李文华, 刘某承.2010. 关于中国生态补偿机制建设的几点思考[J]. 资源科学, 32 (5): 790-796.

李远. 2012. 流域生态补偿、污染赔偿政策与机制探索: 以东江流域为例[M]. 北京: 经济管理出版社.

廖志娟, 傅春, 胡小飞.2016. 基于生态系统服务功能的江西省生态补偿空间选择研究[J]. 生态经济, 32 (8): 175-179.

刘春腊, 刘卫东, 徐美.2014. 基于生态价值当量的中国省域生态补偿额度研究[J]. 资源科学, 36 (1): 148-155.

刘某承, 李文华, 谢高地. 2010a. 基于净初级生产力的中国生态足迹产量因子测算[J]. 生态学杂志, 29 (3): 592-597.

刘某承, 李文华. 2010b. 基于净初级生产力的中国各地生态足迹均衡因子测算[J]. 生态与农村环境学报, 26 (5): 401-406.

刘奇.2016. 中部六省资源环境承载力测算[D]. 南昌: 江西财经大学.

刘强, 彭晓春, 周丽旋, 等.2010. 基于生态足迹与生态承载力的广东省各市生态补偿的量化研究[J]. 安徽农业科学, 38 (21): 11345-11347, 11374.

刘青, 胡振鹏.2007. 江河源区生态系统服务价值评估初探——以江西东江源区为例[J]. 湖泊科学, 19 (3): 351-356.

刘青. 2007. 江河源区生态系统服务价值与生态补偿机制研究——以江西东江源区为例[D]. 南昌: 南昌大学.

刘宇辉, 彭希哲. 中国历年生态足迹计算与发展可持续性评估[J]. 生态学报, 2004, 24 (10): 2257-2262.

刘玉龙, 胡鹏.2009. 基于帕累托最优的新安江流域生态补偿标准[J]. 水利学报, 40 (6): 703-708.

龙爱华, 徐中民, 张志强, 等.2005. 甘肃省 2000 年水资源足迹的初步估算[J]. 资源科学, 27 (3): 123-129.

卢新海, 柯善淦.2016. 基于生态足迹模型的区域水资源生态补偿量化模型构建——以长江流域为例[J]. 长江流域资源与环境, 25 (2): 334-341.

罗辉, 梁建忠, 黄晓园.2010. 自然保护区及周边社区利益主体的博弈分析[J]. 贵州大学学报(社会科学版), 28 (1): 62-66.

马爱慧. 2011. 耕地生态补偿及空间效益转移研究[D]. 武汉: 华中农业大学.

马国勇, 陈红.2014. 基于利益相关者理论的生态补偿机制研究[J]. 生态经济, 30 (4): 33-36, 49.

马静, 汪党献, 来海亮, 等.2005. 中国区域水足迹的估算[J]. 资源科学, 27 (5): 96-100.

马中. 1999. 环境与资源经济学概论[M]. 北京: 高等教育出版社.

毛显强, 钟瑜, 张胜.2002. 生态补偿的理论探讨[J]. 中国人口·资源与环境, (4): 40-43.

闵庆文, 甄霖, 杨光梅, 等.2006. 自然保护区生态补偿机制与政策研究[J]. 环境保护, (19): 55-58.

欧阳志云, 王效科, 苗鸿. 1999. 中国陆地生态系统服务功能及其生态经济价值的初步研究[J]. 生态学报, 19 (05): 19-25.

潘安娥, 陈丽. 湖北省水资源利用与经济协调发展脱钩分析-基于水足迹视角[J]. 资源科学, 2014, 36 (2): 328-333.

潘竟虎. 2014. 甘肃省区域生态补偿标准测度[J]. 生态学杂志, 33（12）: 3286-3294.

彭佳雯, 黄贤金, 钟太洋, 等. 2011. 中国经济增长与能源碳排放的脱钩研究[J]. 资源科学, 33（4）: 626-633.

秦艳红, 康慕谊. 2007. 国内外生态补偿现状及其完善措施[J]. 自然资源学报, 22（4）: 557-567.

山西省环境保护厅. 2016年山西省环境状况公报[EB/OL]. http://www.shanxigov.cn/sj/tjtb/201708/t20170823_330415.shtml. [2017-08-27].

山西省统计局, 国家统计局山西调查总队. 2001-2017. 山西统计年鉴[M]. 北京: 中国统计出版社.

尚海洋, 苏芳, 徐中民, 等. 2011. 生态补偿的研究进展及其启示[J]. 冰川冻土, 33（6）: 1435-1443.

邵帅. 2013. 基于水足迹模型的水资源补偿策略研究[J]. 科技进步与对策, 30（14）: 116-119.

宋晓谕, 刘玉卿, 邓晓红, 等. 2012. 基于分布式水文模型和福利成本法的生态补偿空间选择研究[J]. 生态学报, 32（24）: 7722-7729.

宋晓谕, 徐中民, 祁元, 等. 2013. 青海湖流域生态补偿空间选择与补偿标准研究[J]. 冰川冻土, 35（2）: 496-503.

孙贤斌, 黄润. 2013. 基于GIS的安徽省会经济圈区域生态补偿优先等级研究[J]. 水土保持研究, 20（1）: 152-155.

汤群. 2008. 我国基于生态补偿的横向转移支付制度研究[D]. 济南: 山东大学.

田园宏, 诸大建, 王欢明, 等. 2013. 中国主要粮食作物的水足迹值: 1978-2010[J]. 中国人口·资源与环境, 23（6）: 122-128.

万本太, 邹首民. 2008. 走向实践的生态补偿: 案例分析与探索[M]. 北京: 中国环境科学出版社.

万军, 张惠远, 王金南, 等. 2005. 中国生态补偿政策评估与框架初探[J]. 环境科学研究, 18（2）: 1-8.

汪运波, 肖建红. 2014. 基于生态足迹成分法的海岛型旅游目的地生态补偿标准研究[J]. 中国人口·资源与环境, 24（8）: 149-155.

王蓓蓓. 2010. 流域生态补偿模式及其创新研究[D]. 泰安: 山东农业大学.

王丰年. 2006. 论生态补偿的原则和机制[J]. 自然辩证法研究, 22（1）: 31-35.

王金南, 万军, 张惠远. 2006. 关于我国生态补偿机制与政策的几点认识[J]. 环境保护, （19）: 24-28.

王立国, 廖为明, 黄敏, 等. 2011. 基于终端消费的旅游碳足迹测算——以江西省为例[J]. 生态经济, 27（5）: 121-124, 168.

王亮. 2011. 基于生态足迹变化的盐城丹顶鹤自然保护区生态补偿定量研究[J]. 水土保持研究, 18（3）: 272-275, 280.

王女杰, 刘建, 吴大千, 等. 2010. 基于生态系统服务价值的区域生态补偿——以山东省为例[J]. 生态学报, 30（23）: 6646-6653.

王清军, 蔡守秋. 2006. 生态补偿机制的法律研究[J]. 南京社会科学, （7）: 73-80.

王清军. 2009. 生态补偿主体的法律建构[J]. 中国人口·资源与环境, 19（1）: 139-145.

王新华, 徐中民, 龙爱华. 2005. 中国2000年水足迹的初步计算分析[J]. 冰川冻土, 27（5）: 774-780.

王昱. 2009. 区域生态补偿的基础理论与实践问题研究[D]. 哈尔滨: 东北师范大学.

王振波, 于杰, 刘晓雯. 2009. 生态系统服务功能与生态补偿关系的研究[J]. 中国人口·资源与环境, 19（6）: 17-22.

吴晓青，洪尚群，段昌群，等.2003. 区际生态补偿机制是区域间协调发展的关键[J]. 长江流域资源与环境，12（1）：13-16.

肖建红，陈绍金，于庆东，等.2011. 基于生态足迹思想的皂市水利枢纽工程生态补偿标准研究[J]. 生态学报，31（22）：6696-6707.

肖建武，余璐，陈为，等.2017. 湖南省区际生态补偿标准核算——基于生态足迹方法[J]. 中南林业科技大学学报（社会科学版），11（1）：27-33，39.

谢高地，鲁春霞，成升魁.2001. 全球生态系统服务价值评估研究进展[J]. 资源科学，23（6）：5-9.

谢高地，张钇锂，鲁春霞，等.2001. 中国自然草地生态系统服务价值[J]. 自然资源学报，16（01）：47-53.

谢高地，甄霖，鲁春霞，等.2008. 一个基于专家知识的生态系统服务价值化方法[J]. 自然资源学报，23（5）：911-919.

辛琨，肖笃宁.2002. 盘锦地区湿地生态系统服务功能价值估算[J]. 生态学报，22（8）：1345-1349.

徐大伟，李斌.2015. 基于倾向值匹配法的区域生态补偿绩效评估研究[J]. 中国人口·资源与环境，25（3）：34-42.

徐大伟，涂少云，常亮，等.2012. 基于演化博弈的流域生态补偿利益冲突分析[J]. 中国人口·资源与环境，22（2）：8-14.

徐秀美，郑言.2017. 基于旅游生态足迹的拉萨乡村旅游地生态补偿标准——以次角林村为例[J]. 经济地理，37（4）：218-224.

徐中民，张志强，程国栋，等.2003. 中国1999年生态足迹计算与发展能力分析[J]. 应用生态学报，14（2）：280-285.

徐中民，张志强，程国栋.2000. 甘肃省1998年生态足迹计算与分析[J]. 地理学报，55（5）：607-616.

许凤冉，阮本清，王成丽.2010. 流域生态补偿理论探索与案例研究[M]. 北京：中国水利水电出版社.

杨帆.2013. 生态文明视野下的中国城市化发展研究[D]. 成都：西南财经大学.

杨永生.2011. 鄱阳湖流域水量分配与水权制度建设研究[M]. 北京：中国水利水电出版社.

杨园园，戴尔阜，付华.2012. 基于InVEST模型的生态系统服务功能价值评估研究框架[J]. 首都师范大学学报（自然科学版），33（3）：41-47.

杨志平.2011. 基于生态足迹变化的盐城市麋鹿自然保护区生态补偿定量研究[J]. 水土保持研究，18（2）：261-264.

于术桐，黄贤金，程绪水，等.2009. 流域排污权初始分配模式选择[J]. 资源科学，31（7）：1175-1180.

余光辉，耿军军，周佩纯，等.2012. 基于碳平衡的区域生态补偿量化研究——以长株潭绿心昭山示范区为例[J]. 长江流域资源与环境，21（4）：454-458.

余灏哲，韩美.2017. 基于水足迹的山东省水资源可持续利用时空分析[J]. 自然资源学报，32（3）：474-483.

余新晓，鲁绍伟，靳芳，等.2005. 中国森林生态系统服务功能价值评估[J]. 生态学报，25（8）：2096-2102.

余新晓，秦永胜，陈丽华，等.2002. 北京山地森林生态系统服务功能及其价值初步研究[J]. 生态学报，22（5）：783-786.

俞海，任勇. 2007. 流域生态补偿机制的关键问题分析——以南水北调中线水源涵养区为例[J]. 资源科学，29（2）：28-33.

虞祎，张晖，胡浩. 2012. 基于水足迹理论的中国畜牧业水资源承载力研究[J]. 资源科学，34（3）：394-400.

禹雪中，冯时. 2011. 中国流域生态补偿标准核算方法分析[J]. 中国人口·资源与环境，21（9）：14-19.

喻新安，杨兰桥，刘晓萍，等.2014. 中部崛起战略实施十年的成效、经验与未来取向[J]. 中州学刊，（09）：45-54.

袁伟彦，周小柯. 2014. 生态补偿问题国外研究进展综述[J]. 中国人口·资源与环境，（11）：76-82.

曾昭，刘俊国. 2013. 北京市灰水足迹评价[J]. 自然资源学报，28（7）：1169-1178.

詹莉群. 2011. 中部地区自然资源与经济增长关系的实证研究[D]. 南昌：南昌大学.

张童，陈爽，姚士谋，等. 2017. 南京市生态足迹时空特征及脱钩效应分析[J]. 长江流域资源与环境，26（3）：350-358.

张郁，张峥，苏明涛. 2013. 基于化肥污染的黑龙江垦区粮食生产灰水足迹研究[J]. 干旱区资源与环境，27（7）：28-32.

张志强，徐中民，程国栋，等. 2001. 中国西部12省（区市）的生态足迹[J]. 地理学报，56（05）：598-609.

张志强，徐中民，程国栋. 2001. 生态系统服务与自然资本价值评估[J]. 生态学报，21（11）：1918-1926.

章锦河，张捷，梁玥琳，等. 2005. 九寨沟旅游生态足迹与生态补偿分析[J]. 自然资源学报，20（5）：735-744.

赵军，杨凯. 2007. 生态系统服务价值评估研究进展[J]. 生态学报，27（1）：346-356.

赵士洞. 2007. 千年生态系统评估报告集[M]. 北京：中国环境科学出版社.

赵同谦，欧阳志云，王效科，等. 2003. 中国陆地地表水生态系统服务功能及其生态经济价值评价[J]. 自然资源学报，18（4）：443-452.

郑海霞，张陆彪. 2006. 流域生态服务补偿定量标准研究[J]. 环境保护，（1）：42-46.

郑海霞. 2010. 中国流域生态服务补偿机制与政策研究：基于典型案例的实证分析[M]. 北京：中国经济出版社.

郑雪梅. 2006. 生态转移支付-基于生态补偿的横向转移支付制度[J]. 环境经济，（7）：11-15.

中国21世纪议程管理中心. 2012. 生态补偿的国际比较：模式与机制[M].北京：社会科学文献出版社.

中国生态补偿机制与政策研究课题组. 2007. 中国生态补偿机制与政策研究[M]. 北京：科学出版社.

中国生态补偿机制与政策研究课题组. 2007. 中国生态补偿机制与政策研究[M]. 北京：科学出版社.

中华人民共和国国家统计局. 2001-2017. 中国统计年鉴[M]. 北京：中国统计出版社.

Alix-Garcia J M，Shapiro E N，Sims K R E. 2012. Forest conservation and slippage: evidence from Mexico's national payments for ecosystem services program[J]. Land Economics，88（4）：613-638.

Allan J A. 1998. Virtual water: a strategic resource: global solutions to regional deficits[J]. Ground Water, 36 (4): 545-546.

An J, Xue X. 2017. Life-cycle carbon footprint analysis of magnesia products[J]. Resources Conservation and Recycling, 119: 4-11.

Andrew J. 2017. Carbon footprint of water in California[J]. American Journal of Public Health, 107 (2): E9.

Arriagada R A, Ferraro P J, Sills E O, et al. 2012. Do payments for environmental services affect forest cover? a farm-level evaluation from Costa Rica[J]. Land Economics, 88 (2): 382-399.

Asquith N M, Vargas M T, Wunder S. 2008. Selling two environmental services: In-kind payments for bird habitat and watershed protection in Los Negros, Bolivia[J]. Ecological Economics, 65 (4): 675-684.

Benjaafar S, Li Y Z, Daskin M. 2013. Carbon footprint and the management of supply chains: insights from simple models[J]. Ieee Transactions on Automation Science and Engineering, 10 (1): 99-116.

Bicknell K B, Ball R J, Cullen R, et al. 1998. New methodology for the ecological footprint with an application to the New Zealand economy[J]. Ecological Economics, 27 (2): 149-160.

Birner R, Wittmer H. 2004. On the efficient boundaries of the State: The contribution of transaction costs economics to the analysis of decentralization and devolution in Natural Resource Management[J]. Environment and Planning C: Government and Policy, 22 (5): 667-685.

Bortolini M, Faccio M, Ferrari E, et al. 2016. Fresh food sustainable distribution: cost, delivery time and carbon footprint three-objective optimization[J]. Journal of Food Engineering, 174: 56-67.

Borucke M, Moore D, Cranston G, et al. 2013. Accounting for demand and supply of the biosphere's regenerative capacity: the national footprint accounts' underlying methodology and framework[J]. Ecological Indicators, 24: 518-533.

Bremer L L, Farley K A, Lopez-Carr D. 2014. What factors influence participation in payment for ecosystem services programs? An evaluation of ecuador's socioparamo program[J]. Land Use Policy, 36: 122-133.

Brizga J, Feng K, Hubacek K. 2017. Household carbon footprints in the baltic states: a global multi-regional input-output analysis from 1995 to 2011[J]. Applied Energy, 189: 780-788.

Chambers J Q, Fisher J I, Zeng H C, et al. 2007. Hurricane katrina's carbon footprint on U. S. Gulf Coast Forests[J]. Science, 318 (5853): 1107.

Chapagain A K, Hoekstra A Y, Savenije H H G, et al. 2006. The water footprint of cotton consumption: An assessment of the impact of worldwide consumption of cotton products on the water resources in the cotton producing countries[J]. Ecological Economics, 60 (1): 186-203.

Chapagain A K, Hoekstra A Y. 2011. The blue, green and grey water footprint of rice from production and consumption perspectives[J]. Ecological Economics, 70 (4): 749-758.

Chen Z, Chen G Q. 2013. Virtual water accounting for the globalized world economy: national water footprint and international virtual water trade[J]. Ecological Indicators, 28 (SI): 142-149.

Cheng K, Yan M, Nayak D, et al. 2015. Carbon footprint of crop production in China: an analysis of national statistics data[J]. Journal of Agricultural Science, 153 (3): 422-431.

Cimini A，Moresi M. 2017. Energy efficiency and carbon footprint of home pasta cooking appliances[J]. Journal of Food Engineering，204：8-17.

CNKI 中国知网. 中国经济与社会发展统计数据库[EB/OL]. http://tongji.cnki.net/kns55/ index.aspx. [2017-07-17].

Costanza R，d'Arge R，de Groot R，el al. 1997. The value of the world's ecosystem services and natural capital[J]. Nature，387：253-260.

Daily G C. 1997. Nature's services：Societal dependence on natural ecosystems[M]. Washington，DC：Island Press.

De Groot R S，Wilson M A，Boumans R M J. 2002. A typology for the classification，description and valuation of ecosystem functions，goods and services[J]. Ecological Economics, 41(3)：393-408.

Drechsler M，Watzold F，Johst K，et al. 2007. A model -based approach for designing cost-effective compensation payments for conservation of endangered species in real landscapes[J]. Biological Conservation，40：174-186.

Druckman A，Jackson T. 2009. The carbon footprint of uk households 1990-2004：a socio-economically disaggregated，quasi-multi-regional input-output model[J]. Ecological Economics，68（7）：2066-2077.

Engel S，Pagiola S，Wunder S. 2008. Designing payments for environmental services in theory and practice：an overview of the issues[J]. Ecological Economics，65（4）：663-674.

Fang K，Uhan N，Zhao F，et al. 2011. A new approach to scheduling in manufacturing for power consumption and carbon footprint reduction[J]. Journal of Manufacturing Systems，30（4SI）：234-240.

Farley J，Costanza R. 2010. Payments for ecosystem services：from local to global[J]. Ecological Economics，69（11）：2060-2068.

Feng K S，Siu Y L，Guan D B，et al. 2012. Assessing regional virtual water flows and water footprints in the Yellow River basin，China：a consumption based approach[J]. Applied Geography，32（2）：691-701.

Feng K，Chapagain A，Suh S，et al. 2011. Comparison of bottom-up and top-down approaches to calculating the water footprints of nations[J]. Economic Systems Research，23（4SI）：371-385.

Ferng J J. 2001. Using composition of land multiplier to estimate ecological footprints associated with production activity[J]. Ecological Economics，37（2）：159-172.

Ferraro P J. 2008. Asymmetric information and contract design for payments for environmental services[J]. Ecological Economics，65：810-821.

Florindo T J，Born de Medeiros Florindo G I，Talamini E，et al. 2017. Carbon footprint and life cycle costing of beef cattle in the Brazilian Midwest[J]. Journal of Cleaner Production，147：119-129.

Flysjo A，Cederberg C，Henriksson M，et al. 2012. The interaction between milk and beef production and emissions from land use change-critical considerations in life cycle assessment and carbon footprint studies of milk[J]. Journal of Cleaner Production，28：134-142.

Flysjo A，Henriksson M，Cederberg C，et al. 2011. The impact of various parameters on the carbon footprint of milk production in New Zealand and Sweden[J]. Agricultural Systems，104（6）：459-469.

Galati A，Crescimanno M，Gristina L，et al. 2016. Actual provision as an alternative criterion to improve the efficiency of payments for ecosystem services for c sequestration in semiarid vineyards[J]. Agricultural Systems, 144: 58-64.

Galli A, Wiedmann T, Ercin E, et al. 2012. Integrating ecological, carbon and water footprint into a "footprint family" of indicators: definition and role in tracking human pressure on the planet[J]. Ecological Indicators, 16: 100-112.

Gerbens-Leenes P W, Hoekstra A Y, van der Meer T. 2009a. The water footprint of energy from biomass: a quantitative assessment and consequences of an increasing share of bio-energy in energy supply[J]. Ecological Economics, 68 (4): 1052-1060.

Gerbens-Leenes W, Hoekstra A Y, van der Meer T H. 2009b. The water footprint of bioenergy[J]. Proceedings of The National Academy of Sciences of the United States of America, 106 (25): 10219-10223.

Goldstein J H, Caldarone G, Duarte T K, et al. 2012. Integrating ecosystem-service tradeoffs into land-use decisions[J]. Proceedings of the National Academy of Sciences, 109 (19): 7565-7570.

Gossling S, Hansson C B, Horstmeier O, et al. 2002. Ecological footprint analysis as a tool to assess tourism sustainability[J]. Ecological Economics, 43 (2-3): 199-211.

Gössling S. 2002. Global environmental consequences of tourism. Global Environmental Change, 12 (4): 283-302.

He J, Wan Y, Feng L, et al. 2016. An integrated data envelopment analysis and emergy-based ecological footprint methodology in evaluating sustainable development, a case study of Jiangsu Province, China[J]. Ecological Indicators, 70 (SI): 23-34.

Hertwich E G, Peters G P. 2009. Carbon footprint of nations: a global, trade-linked analysis[J]. Environmental Science & Technology, 43 (16): 6414-6420.

Hoekstra A Y, Chapagain A K. 2007. Water footprints of nations: water use by people as a function of their consumption pattern[J]. Water Resources Management, 21 (1): 35-48.

Hoekstra A Y, Mekonnen M M, Chapagain A K, et al. 2012. Global monthly water scarcity: blue water footprints versus blue water availability[J]. Plos One, 7 (2): 9.

Hoekstra A Y, Mekonnen M M. 2012. The water footprint of humanity[J]. Proceedings of the National Academy of Sciences of the United States of America, 109 (9): 3232-3237.

Hoekstra A Y. 2016. A critique on the water-scarcity weighted water footprint in LCA[J]. Ecological Indicators, 66: 564-573.

Holden E, Hoyer K G. 2005. The ecological footprints of fuels[J]. Transportation Research Part D-Transport and Environment, 10 (5): 395-403.

Hu A H, Huang C Y, Chen C F, et al. 2015. Assessing carbon footprint in the life cycle of accommodation services: the case of an international tourist hotel[J]. International Journal of Sustainable Development and World Ecology, 22 (4): 313-323.

Hua G, Cheng T C E, Wang S. 2011. Managing carbon footprints in inventory management[J]. International Journal of Production Economics, 132 (2): 178-185.

Hunter C, Shaw J. 2005. Applying the ecological footprint to ecotourism scenarios[J]. Environmental Conservation, 32 (4): 294-304.

IPCC-Task Force On National Greenhouse Gas Inventories[EB/OL]. http://www.ipcc- nggip.iges.or.

jp/public/2006gl/chinese/.[2015-03-09].

Johst K, Drechsler M, Watzold F. 2002. An ecological-economic modelling procedure to design compensation payments for the efficient spatio-temporal allocation of species protection measures[J]. Ecological Economics, 41 (1): 37-49.

Kosoy N, Martinez-Tuna M, Muradian R, et al. 2007. Payments for environmental services in watersheds: insights from a comparative study of three cases in Central America[J]. Ecological Economics, 61 (2-3): 446-455.

Krantzberg G, de Boer C. 2008. A valuation of ecological services in the laurentian great lakes basin with an emphasis on Canada[J]. Journal American Water Works Association, 100 (8): 131.

Lee K H. 2011. Integrating carbon footprint into supply chain management: the case of hyundai motor company (hmc) in the automobile industry[J]. Journal of Cleaner Production, 19 (11): 1216-1223.

Lenzen M, Murray S A. 2001. A modified ecological footprint method and its application to australia[J]. Ecological Economics, 37 (2): 229-255.

Lewan L, Söderqvist T. 2002. Knowledge and recognition of ecosystem services among the general public in a drainage basin in Scania, Southern Sweden[J]. Ecological Economics, 42 (3): 459-467.

Lin J Y, Hu Y C, Cui S H, et al. 2015. Tracking urban carbon footprints from production and consumption perspectives[J]. Environmental Research Letters, 10 (5).

Little C, Lara A. 2010. Ecological restoration for water yield increase as an ecosystem service in forested watersheds of South-Central Chile[J]. Bosque, 31 (3): 175-178.

Liu H, Wang X, Yang J, et al. 2017. The ecological footprint evaluation of low carbon campuses based on life cycle assessment: a case study of Tianjin, China[J]. Journal of Cleaner Production, 144: 266-278.

Liu X M, Jiang D, Wang Q, et al. 2016. Evaluating the sustainability of nature reserves using an ecological footprint method: a case study in China[J]. Sustainability, 8 (127212).

Loomis J, Kent P, Strange L, et al. 2000. Measuring the total economic value of restoring ecosystem services in an impaired river basin: results from a contingent valuation survey[J]. Ecological Economics, 33 (1): 103-117.

Manzardo A, Mazzi A, Loss A, et al. 2016. Lessons learned from the application of different water footprint approaches to compare different food packaging alternatives[J]. Journal of Cleaner Production, 112 (5): 4657-4666.

Martin-Ortega J, Ojea E, Roux C. 2013. Payments for water ecosystem services in Latin America: A literature review and conceptual model[J]. Ecosystem Services, 6: 122-132.

Mekonnen M M, Hoekstra A Y. 2011. The green, blue and grey water footprint of crops and derived crop products[J]. Hydrology and Earth System Sciences, 15 (5): 1577-1600.

Mekonnen M M, Hoekstra A Y. 2012. A global assessment of the water footprint of farm animal products[J]. Ecosystems, 15 (3): 401-415.

Milne S, Adams B. 2012. Market masquerades: uncovering the politics of community-level payments for environmental services in Cambodia[J]. Development and Change, 43 (1): 133-158.

Minx J C, Wiedmann T, Wood R, et al. 2009. Input-output analysis and carbon footprinting: an overview of applications[J]. Economic Systems Research，21（3）：187-216.

Mishra S K，Hitzhusen F J，Sohngen B L，et al. 2012. Costs of abandoned coal mine reclamation and associated recreation benefits in ohio[J]. Journal of Environmental Management，100：52-58.

Munoz-Pina C，Guevara A，Torres J M，et al. 2008. Paying for the hydrological services of Mexico's forests：analysis，negotiations and results[J]. Ecological Economics，65（4）：725-736.

Muradian R，Arsel M，Pellegrini L，et al. 2013. Payments for ecosystem services and the fatal attraction of win-win solutions[J]. Conservation Letters，6（4）：274-279.

Nelson E，Mendoza G，Regetz J，et al. 2009. Modeling multiple ecosystem services，biodiversity conservation，commodity production，and tradeoffs at landscape scales[J]. Frontiers in Ecology and the Environment，7（1）：4-11.

Noori M，Gardner S，Tatari O. 2015. Electric vehicle cost，emissions，and water footprint in the United States：development of a regional optimization model[J]. Energy，89：610-625.

Pagiola S，Arcenas A，G P. 2005. Can payments for environmental services help reduce poverty? An exploration of the issues and the evidence to date from Latin America[J]. World Development，33（02）：237-253.

Pagiola S，Bishop J，Landell-Mills N. 2002. Selling forest environmental services：market-based mechanisms for conservation and development[M]. London: Earthscan publications.

Pagiola S. 2008. Payments for environmental services in Costa Rica[J]. Ecological Economics，65（4）：712-724.

Perry S，Klemes J，Bulatov I. 2008. Integrating waste and renewable energy to reduce the carbon footprint of locally integrated energy sectors[J]. Energy，33（10）：1489-1497.

Petz K，Minca E L，Werners S E，et al. 2012. Managing the current and future supply of ecosystem services in the Hungarian and Romanian Tisza River basin[J]. Regional Environmental Change，12（4）：689-700.

Roth E，Rosenthal H，Burbridge P. 2000. A discussion of the use of the sustainability index：'ecological footprint'for aquaculture production[J]. Aquatic Living Resources，13（6）：461-469.

Rotz C A，Montes F，Chianese D S. 2010. The carbon footprint of dairy production systems through partial life cycle assessment[J]. Journal of Dairy Science，93（3）：1266-1282.

Roumasset J，Wada C A. 2013. A dynamic approach to pes pricing and finance for interlinked ecosystem services: watershed conservation and groundwater management[J]. Ecological Economics，87（Mar.）：24-33.

Ruviaro C F，de Leis C M，Lampert V D，et al. 2015. Carbon footprint in different beef production systems on a Southern Brazilian farm: a case study[J]. Journal of Cleaner Production，96：435-443.

Schomers S，Matzdorf B. 2013. Payments for Ecosystem Services：A review and comparison of developing and industrialized Countries[J]. Ecosystem Services，6：16-30.

Scotti M，Bondavalli C，Bodini A. 2009. Ecological footprint as a tool for local sustainability：the municipality of Piacenza（Italy）as a case study[J]. Environmental Impact Assessment Review，29（1）：39-50.

Sinha S, Chakraborty S, Goswami S. 2017. Ecological footprint: an indicator of environmental sustainability of a surface coal mine[J]. Environment Development and Sustainability, 19 (3): 807-824.

Sommer M, Kratena K. 2017. The carbon footprint of european households and income distribution[J]. Ecological Economics, 136: 62-72.

Sovacool B K, Brown M A. 2010. Twelve metropolitan carbon footprints: a preliminary comparative global assessment[J]. Energy Policy, 38 (9): 4856-4869.

Streck C, Tuerk A, Schlamadinger B. 2009. Foresty offsets in emissions trading systems: a link between systems? (special issue: linking domestic emissions trading schemes and the evolution of the international climate regime: bottom-up support of top-down processes?) [J]. Mitigation and Adaptation Strategies for Global Change, 14 (5): 455-463.

Sundarakani B, de Souza R, Goh M, et al. 2010. Modeling carbon footprints across the supply chain[J]. International Journal of Production Economics, 128 (1): 43-50.

Swallow B M, Sang J K, Nyabenge M, et al. 2009. Tradeoffs, synergies and traps among ecosystem services in the Lake Victoria basin of East Africa[J]. Environmental Science & Policy, 12 (4): 504-519.

Swartz W, Sala E, Tracey S, et al. 2010. The spatial expansion and ecological footprint of fisheries (1950 to present) [J]. Plos One, 5 (e1514312) .

Turner K, Lenzen M, Wiedmann T, et al. 2007. Examining the global environmental impact of regional consumption activities-part 1: a technical note on combining input-output and ecological footprint analysis[J]. Ecological Economics, 62 (1): 37-44.

Ulbrich K, Drechsler M, Watzold F J, et al. 2008. A software tool for designing cost-effective compensation payments for conservation measures[J]. Environmental Modelling & Software, 23: 122-123.

van den Bergh J, Verbruggen H. 1999. Spatial sustainability, trade and indicators: an evaluation of the 'ecological footprint'[J]. Ecological Economics, 29 (1): 61-72.

van Vuuren D P, Smeets E. 2000. Ecological footprints of Benin, Bhutan, Costa Rica and the Netherlands[J]. Ecological Economics, 34 (1): 115-130.

Wackernagel M, Lewan L, Hansson C B. 1999a. Evaluating the use of natural capital with the ecological footprint—applications in sweden and subregions[J]. Ambio, 28 (7): 604-612.

Wackernagel M, Onisto L, Bello P, et al. 1999b. National natural capital accounting with the ecological footprint concept[J]. Ecological Economics, 29 (3): 375-390.

Wackernagel M, Rees W. 1996. Our ecological footprint: reducing human impact on the earth. Philadelphia: New Society Publishers.

Wackernagel M, Yount J D. 1998. The ecological footprint: an indicator of progress toward regional sustainability[J]. Environmental Monitoring and Assessment, 51 (1-2): 511-529.

Wang Z Y, Huang K, Yang S S, et al. 2013. An input-output approach to evaluate the water footprint and virtual water trade of Beijing, China[J]. Journal of Cleaner Production, 42: 172-179.

Watzold F, Schwerdtner K. 2005. Why be wasteful when preserving a valuable resource: A review article on the cost-effectiveness of European biodiversity conservation policy[J]. Biological Conservation, 123: 327-338.

Weber C L, Matthews H S. 2008. Quantifying the global and distributional aspects of American household carbon footprint[J]. Ecological Economics, 66 (2-3): 379-391.

Weinzettel J, Steen-Olsen K, Hertwich E G, et al. 2014. Ecological footprint of nations: comparison of process analysis, and standard and hybrid multiregional input-output analysis[J]. Ecological Economics, 101: 115-126.

Wiedmann T, Lenzen M, Turner K, et al. 2007. Examining the global environmental impact of regional consumption activities-part 2: review of input-output models for the assessment of environmental impacts embodied in trade[J]. Ecological Economics, 61 (1): 15-26.

Wiedmann T, Minx J, Barrett J, et al. 2006. Allocating ecological footprints to final consumption categories with input-output analysis[J]. Ecological Economics, 56 (1): 28-48.

Wiedmann T, Wood R, Minx J C, et al. 2010. A carbon footprint time series of the UK-results from a multi-region input-output model[J]. Economic Systems Research, 22 (1): 19-42.

Wu D, Liu J. 2016. Multi-regional input-output (mrio) study of the provincial ecological footprints and domestic embodied footprints traded among China's 30 provinces[J]. Sustainability, 8 (134512).

Wunder S, Engel S, Pagiola S. 2008. Taking stock: a comparative analysis of payments for environmental services programs in developed and developing countries[J]. Ecological Economics, 65(4): 834-852.

Wunder S. 2005. Payments for environmental services: some nuts and bolts[M]. Bogor, Indonesia: CIFOR.

Wunder S. 2007. The efficiency of payments for environmental services in tropical conservation[J]. Conservation Biology, 21 (1): 48-58.

Wunder S. 2015. Revisiting the concept of payments for environmental services[J]. Ecological Economics, 117: 234-243.

Wunscher T, Engel S, Wunder S. 2008. Spatial targeting of payments for environmental services: a tool for boosting conservation benefits[J]. Ecological Economics, 65 (4): 822-833.

Yin Y, Han X, Wu S. 2017. Spatial and temporal variations in the ecological footprints in Northwest China from 2005 to 2014[J]. Sustainability, 9 (5974).

Zhang C, Anadon L D. 2014. A multi-regional input-output analysis of domestic virtual water trade and provincial water footprint in China[J]. Ecological Economics, 100: 159-172.